JN335745

緑のダムの科学
減災・森林・水循環

蔵治光一郎＋保屋野初子［編］

築地書館

はじめに

「緑のダム」に関する科学的、社会的な議論は、一〇年ほど前にピークを迎えていた。手入れされず荒廃していく人工林に対する人々の懸念、ダム建設をめぐる各地での対立といった社会状況を背景に盛り上がりをみせた。言いかえると、社会が、地域に生きる人々が、「緑のダム」の科学を求めていたのである。その期待に応えようと二〇〇四年、編者は『緑のダム――森林・河川・水循環・防災』を刊行し、科学的知見の現状を示すとともに社会と政策への人々の期待をありのままに紹介した。結果的には、「緑のダム」への当時の大きすぎる期待に対して、その限界も含めた、もう少し客観的で等身大の「緑のダム」を示すものとなった。

その後、政権・政策の変転のなかで「緑のダム」論争も下火となったようにみえる。しかし、日本人の森林機能に対する期待には根強いものがある。急峻な山地を背負う扇状地周辺に住まい、生業のための資源を小さな流域で確保し、すべての恵みをもたらす奥山や水源地に信仰や祭りの源を求めつつ生きつないできた人々の歴史は、森林に特別の感性と実利を期待させつづけているとしても不思議ではない。さらに近年では、雨の降り方や気象条件が大きくゆらぎ、戦後直後の頻発期以来、再び土砂災害や水害が増えている。以前とは別の、将来の安全確保のための「緑のダム」に対する切実な期待感が生まれてきていると思われる。

本書は、この間の「緑のダム」に関する科学的知見の前進、各地で始まった実践と政策的課題について盛りこんだ、それぞれ一線に立つ専門家一五名による「緑のダム」最前線の書である。


そのような状況の変化のもとでの緑のダムの科学においては、より具体的で実践的な研究が進められている。水文《すいもん》学や工学の分野では、豪雨、災害、人工林、水資源、長期観測といったキーワードが、研究が向かう先を示しているといえそうである。そういった自然科学の知見と並行して、さらに精力的に推し進められているのが、市民活動や政策的な緑のダム整備に向けた実践・政策的な現場の科学である。完璧な科学的解明を待ってばかりいられない、森林や地域の実情があるからだ。

自然科学的な研究と、実践・政策的な現場の科学とが協調あるいは刺激し合い、互いにフィードバックが反映される緑のダムの科学が成立していくことが望ましいと編者は考える。そこで本書では、さまざまな立場の専門家が最新の知見を示すというだけでなく、この先の日本の国土や地域の管理をどうしていくのかという、未来に向けた提言を含んだ研究内容を紹介・解説していく。

私たち編者は、緑のダムの議論は森林の機能論に限定されるべきものではなく、今後の地域社会のあり方や科学のあり方をも視野に入れた幅広い議論でありたいと考えている。その場合、緑のダムづくりの地理的範囲やその主体も一体的に検討する対象として「流域圏」という地域単位を提案したい。本書ではそこまでの道筋を示していないが、ヨーロッパの先進的な水政策に見るまでもなく、「流域単位」での政策は、二〇一四年三月に成立した水循環基本法の本来の趣旨でもある。

この日本列島という複雑で険しく多様な自然的条件のもとで、私たちはどのようにそれぞれの条件と折り合い、豊かな暮らしと社会を維持していくのがよいのだろうか。将来のあり方をも思い描きながら、この本の一つひとつの論考を読んでいただければ幸いである。

保屋野初子
蔵治光一郎

目次

第2章　緑のダムの実践と政策

第1章　緑のダムの科学、最前線

緑のダムづくりとは何か

蔵治光一郎

緑のダムとは何か

緑のダムとは、森林が生態系としてもっている多様な作用のうち、まるで人間の利便性や防災上の必要性に合わせているかのように河川の流量を調節する機能（自然の恵み）を発揮する森林のことであり、この機能を緑のダム機能と呼ぶ。

河川に対して人間が求めてきたことは、流量が多すぎるとき（洪水時）には一時貯留して流量を減らしてほしい（洪水緩和）、少なすぎるとき（渇水時）には一時貯留していた水を流すことで流量を増やしてほしい（渇水緩和）という「誠に勝手な都合」である。洪水が人間に被害を与えることを水害、渇水が人間に被害を与えることを水不足という。本書の第1章で沖大幹が述べているように、人間は遅くとも紀元前二五〇〇年頃から、水害や水不足を避けるために河川をせき止めてダムを造ってきたようである。初期のダムは土で造られたが、やがて石積みになり、コンクリートになった。以下ではコンクリートダムを単にダムと表記する。

森林は、人類が地球上に現れる前から、生態系として、水の蒸発・蒸散・浸透・保水・透水の各作用を常に同時に働かせてきた。これらの複合作用が、人間が河川にダムを造ることで求めてきた洪水緩和・渇水緩和「機能」と似たような作用であったことから、森林を緑のダムと呼ぶようになったと想像される。

ここで水源涵養《かんよう》機能と緑のダム機能の違いについて整理しておく。かつて水源涵養機能とは渇水緩和機能だけを意味する言葉として使われ、洪水緩和機能とは別であったが、近年では、森林が水に及ぼす作用のうち、人間の利便性や防災上の必要性と合致する作用を総称して森林の水源涵養機能と呼ぶようになった。具体的には、洪水緩和機能、渇水緩和機能（水資源を貯留し、水量を調節する機能）、水質浄化機能の三つである。そして、この三つのうち水質浄化機能を除いた二つ、洪水緩和機能と渇水緩和機能をあわせたものを緑のダム機能と呼ぶことが多い。

緑のダムという言葉がおそらく最初に登場したのは、古井戸（二〇〇六）によれば、一九七五年一月五日付朝日新聞の記事であり、その見出しには「水確保へ〝緑のダム〟作戦」とある。当時は水需要の増大に新規水資源開発が追いつかず、水不足が起きていた時代で、森林に期待されていたのは洪水緩和機能よりもむしろ渇水緩和機能であったことがわかる。また当時は森林管理の費用を下流域の水のユーザーにも負担してもらいたいという森林側の意向もあった。なお、緑のダムという言葉がまだ登場していなかった時代の議論については第2章で太田猛彦が詳しく述べている。

どのような文脈の中で「緑のダム」議論がなされてきたか

一九八〇年代には白神山地、知床、屋久島などにおいて天然林伐採の行きすぎが問題となり、保護すべき森林としてのブナ林から流出する河川が清冽で流量も多いことから「ブナの森は緑のダム」というキャッチフレーズが使われるようになった。一九九〇年代は長良川河口堰をはじめとするダム反対運動が全国で活発化し、一九九七年には河川法が改正され、学識者、住民、自治体の意見を河川計画づくりに反映させる扉が開かれた。

二〇〇〇年には民主党の諮問委員会が「緑のダム構想」を答申、翌二〇〇一年には田中康夫長野県知事が「脱ダム宣言」を行い、ダムは緑のダムで代替可能という主張が現れた。ダム建設事業を進めていた事業者はこの動きに反発し、緑のダム全否定論で対抗した。長野県、吉野川、球磨川《くまがわ》などを舞台として、緑のダムを肯定する論者と全否定論者が正面から論争する事態となった。

二〇〇九年には「みどりのダム構想」を公約に掲げた民主党を中心とする連立政権が発足した。民主党政権は、新規ダム事業の進行を一時停止させ、「今後の治水対策のあり方に関する有識者会議」を発足させた。会議の委員には緑のダム機能の研究者も入ったが、非公開で行われ、費用対効果を勘案して代替案よりもダム案が有利という結論が次々と出された。ついには民主党政権の看板公約の一つであったはずの八ッ場《やんば》ダム中止も撤回された。森林の分野では、公益的機能重視から木材生産重視に転換し、木材生産量と木材自給率を二〇二〇年までに二〇〇九年の約二・五倍に引き上げることを目指す改革(森林・林業再生プラン)が推進された。

二〇一二年に政権が自民党にもどり、民主党の改革の路線は一部修正されたが、基本的な方向性は変わっていない。自民党政権の政策に照らしても、水管理行政、森林行政のいずれでも、今後しばらくは、緑のダム機能を重視しない政策がとられることが確実な情勢である。

水量に関する論争と研究の進展

森林が河川の水量に及ぼす影響を研究する学問は森林水文学と呼ばれる。過去一〇〇年間、森林水文学は少しずつではあっても確実に進歩してきたが、森林と水の相互作用はとても複雑であり、科学的に未解決の課題もたくさん残っている。

緑のダム機能のうち、洪水緩和機能を知るには、洪水時の流出について現地観測を行い、データを集め、解析することになる。河川計画の対象となるような洪水はごくまれにしか襲来しない。また想定外の規模の洪水が襲来すると、河川ぞいに設けられた観測装置が壊れたり流出したりしてデータが取れない。そのため、洪水緩和機能の研究には、洪水にも耐える装置で、長期間の観測を継続する必要がある。

このような観測は東京大学が愛知県で、また森林総合研究所が山形県、群馬県、茨城県、岡山県などで戦前から続けている。本書では第1章で五名美江・坪山良夫がそれらを網羅的に紹介するほか、谷誠が岡山県のデータを用いた実証的研究を紹介している。谷は洪水緩和機能のメカニズムについても詳しく解説している。

洪水だけでなく渇水も、まれにしか起きないため、渇水緩和機能の研究には、渇水期の少ない流量を精密に測定できる装置で、長期間の観測を継続する必要がある。本書では紹介されていないが、東京大学演習林生態水文学研究所では七二年間のデータを用いた渇水の研究が行われ、ハゲ山再生林の長期間のゆっくりとした成長が渇水流出量に及ぼした影響は、降水量の変動による影響よりも小さいことが見出されている（蔵治・芝野、二〇〇二）。渇水緩和機能は、森林の機能として長年信じられてきた機能であるが、小さい流域であっても多くの要因が複合的にかかわっており、そのメカニズムを解明することは容易ではない。はっきりしていることは、第2章で泉桂子も述べているように、森林から水を失わせる蒸発散作用は、洪水緩和機能にはプラス、渇水緩和機能にはマイナスに作用するため、両機能がトレードオフの関係になってしまうことである。

多くの人が知りたがっているにもかかわらず、科学的に明らかになっていないことの一つが、針葉樹林と広葉樹林で、緑のダム機能に差があるかないかという点である。これまでは常緑針葉樹林と落葉広葉樹林を比較した場合、落葉広葉樹林のほうが、蒸発散量が少ないといわれてきた。しかし最近、この説の根拠となっていた米国での観測研究や全世界の研究成果をとりまとめた総説の再検討が行われ（たとえば田中・鈴木、二〇〇八）、その結果、両者には大きな差はないとする説が有力となってきたが、まだ確たる証拠はない。差がないとする研究者も、その差の原因について、冬の降水の樹冠遮断による蒸発量は常緑針葉樹林のほうが多いが、冬の降水量が少ない地域ではその差が小さくなるので、結果として常緑針葉樹林と落葉広葉樹林の蒸発散量に差がほとんどなくなると解釈している（小松、二〇一〇）。日本では渇水は夏に起こる場合と冬に起こる場合があるので、現時点での知見では、常緑針葉樹林と落葉広葉樹林は、冬の渇水の場合に限り、落葉広葉樹林のほうが常緑針葉樹林よりも渇水緩和機能が大きいと理解してよさそうである。

論争として残っていることのうち最も大きな論点は、洪水緩和機能に関して、治水計画の対象となるような豪雨時に、河川下流の基準点における流量に森林の質的な変化が及ぼす影響は無視できるのか、できないのかである。またそれに関連して、大流域であっても、森林は過去から現在にいたるまで経年的に変化しているが、それが洪水時の流量の再現計算（シミュレーション）のさいの係数（パラメータ）の経年変化の主要因といえるのかどうかである。前者（豪雨時には無視できる程度か）について、山田正（第1章）は無視できる、谷は無視できないとしており、谷はそのメカニズムについても解説している。後者（森林変化が主要因といえるか）については利根川を例として、関良基（第2章）が主原因といえると主張しているが、谷は本書ではふれていないものの、主原因とはいえないと主張している（谷、二〇一三）。いずれも論争に決着がついておらず、今後、さらなる研究が必要である。

また森林の渇水緩和機能についても、大きい流域で、大渇水のさいにも発揮されるかが重要であるが、沖が解説しているように、河川の渇水流量は地質によっておおむね決まっていて、森林タイプとの関係は希薄である。渇水時の河川水は森林土壌ではなく、その下の岩盤の中に蓄えられた水が流れ出てきていると考えられ、岩盤に穴をあけて水の挙動を探る調査も始まっている（小杉、二〇一四）。

緑のダムづくりとは何か

緑のダムづくりとは、流域を単位として、今ある森林の緑のダム機能を点検し、劣化の恐れがある場合にはそれを食い止める努力をすることである。特に問題となる森林は、日本の森林の約四割を占めているスギ・ヒノキ・カラマツの人工林である。恩田裕一（第1章）が述べているように、これらの人工林は本来、人間が定期的に間伐しないと、木材生産機能を損なうのみならず、緑のダム機能の劣化が起きることが科学的に検証されており、間伐遅れの人工林の増加は即座に流域の緑のダム機能の低下につながる。

全国の流域で、緑のダムづくりの実践が、森林所有者、森林組合、行政、ボランティア、市民の協働で行われている。森林管理には費用がかかり、木材生産の売り上げでそれを賄えなければ、その費用をどこから調達するかという問題が必ず発生する。石倉研（第2章）は全国的な状況を示し、緑のダムづくりという点では神奈川県の事例が最も先進的であることを示す。神奈川県の事例について内山佳美（第2章）は、当事者として現在進行中の成果や悩みなどを含めて紹介する。

また長野県では、二〇〇一年の脱ダム宣言や二〇〇六年の岡谷土石流をきっかけとして、長野県林業総合センターと信州大学が協働して森林と水プロジェクトを深化させてきたことを片倉正行（第1章）が紹介する。同じ中部地方からは、愛知・岐阜・長野の三県にまたがる矢作川《やはぎがわ》流域の事例を蔵治（第2章）が紹介する。ここでは森林ボランティアが主導して研究者と協働し、市民が発案し、行動する自発的な活動、市が主導する画期的な森林行政、河川管理者による意欲的な取り組みなどが同時進行している。さらに利根川上流で試みられている、緑のダムである水源林の保護がきっかけとなった、国有林、自然保護団体、地元住民による国有林の共同管理について茅野恒秀（第2章）が紹介している。

これからどのような枠組みで考えていくのか——対立、論争から連携、協働へ

森林が人間の利便性や防災上の必要性と合致する働きをしてくれること自体は、「自然の恵み」であり、誰にとっても歓迎されるはずである。にもかかわらず、緑のダムをめぐって賛成と反対に分かれ、論争に一〇年以上を費やしたことは誠に残念だった。なぜ論争になったか、それは、緑のダム機能を、ダムを全否定するかのような論理に接合してしまったからである。それだけダム反対の潮流が強かったことと相まって森林機能への期待が大きかったからであろうが、日本の高度経済成長を支えてきたダムを全否定されれば、これまで努力してきた関係者は不愉快だったに違いない。

ここで改めて筆者の見解を強調しておきたい。「緑のダム」は万能ではなく、「緑のダム」をもって既存のダムを全否定できるものではない。その一方で、「緑のダム」の能力は全否定されるようなもので

もない。ダムと緑のダムにはともに人間の利便性に貢献する機能があり、両者がそろって力を発揮することで、片方だけに偏るよりも、より費用対効果が高い治水、利水が実現できるはずだと筆者は考えている。

既存のダムは、これから老朽化が進み、堆砂も増えていく。新規にダムを造るコストも一段と増大する。一方で、土地の所有権の所在や境界がわからなくなってしまった森林、間伐が遅れた状態で放置されている人工林、皆伐された後に植林せずに放置される山などは年々増加しており、流域全体としての緑のダム機能が徐々に劣化していくことが危惧される。

両方とも劣化するなら、それを回復させるためには、バラバラではなく一体的に行うほうが合理的で、全体の費用も少なくてすむはずである。最近では、国土交通省水管理・国土保全局水資源部が一九八三年から毎年発行している『日本の水資源』にも「森林の保全及び整備を通じた水源地域の保全」という項目が設けられるようになり、このような認識が広く認められつつある。

二〇〇〇年代の一〇年間の論争の時代と、これからの時代が大きく異なる点は、洪水、渇水といった「水量」のみを取り上げて論争するのではなく、森林、河川、水供給域、洪水氾濫の浸水域、海岸などを「流域圏」という一体のものとしてとらえ、水質、土砂、流木、さらに生物多様性、農林水産業、観光、農山村活性化など「流域圏社会」を視野に入れて議論する時代になったことである。そのような議論は以前からあったが、日本では法制度がともなっていないことが最大の障害となり、議論のみにとどまることが多く、実践的な活動は活発とはいえない。

予算がふんだんにあった時代なら、河川は河川の最適化、森林は森林の最適化だけを考えればよかったのだろう。今後、人工林もダムも徐々に劣化していく時代を迎え、流域圏全体の最適化を目指さなければ、いずれ個別には持続可能でも、全体が持続不可能になり、想定外の規模の自然災害が襲来したさい、私たちの利便性追求のために造ってきたダム群や人工林、森林を支えてきた農山村社会は、もはや再生できないほどの致命傷を負うリスクがある。

本書は、緑のダムづくりの自然科学的、社会科学的な理論と実践に関する最新情報を網羅している。現在、残念ながら国の政策としては優先順位を下げられている流域圏の緑のダムづくりを今後加速していくには、二つの方法しかない。一つは国の政策を変えることであり、政権与党や政府に働きかけ、河川や森林の法制度を変えてもらうことが必要となる。今一つは現行法制度の範囲内で、各地方、各地域で自発的、ボトムアップ的な実践活動を積み重ねていくことである。そのための基礎となる知見や、先行事例の具体的、実践的な情報を本書は提供している。

保屋野初子（第2章）が述べているように、ヨーロッパではすでに流域圏を一体のものとして考える方向にシフトし、着々と実践を積み重ねている。東日本大震災を契機として、日本でも、今後の防災や水資源の持続可能性を冷静に考え、河川と森林をバラバラに管理する発想から、両者を統合的に管理する方向にシフトすることを真剣に考えなければならない。

引用文献

古井戸宏通　二〇〇六「書評　蔵治光一郎・保屋野初子編　緑のダム――森林・河川・水循環・防災」林業経済　五八（一〇）：二三―二九頁
小松光　二〇一〇　森林と水資源　水利科学　三二四：一―二九頁
小杉賢一朗　二〇一四　第九講　調整サービス――どのように環境が制御されるのか　井出雄二・大河内勇・井上真編　教養としての森林学　文永堂出版　九七―一〇五頁
蔵治光一郎・芝野博文　二〇〇二　森林の成長が渇水時流出量に及ぼす影響――東京大学愛知演習林森林試験流域の例　第六回水資源に関するシンポジウム論文集　六一五―六二〇頁
田中隆文・鈴木賢哉　二〇〇八「Bosch & Hewlett 1982」再考――針葉樹林・広葉樹林という二分論からの脱却　水利科学　三〇〇：四六―六八頁
谷誠　二〇一三　森林の保水力はなぜ大規模な豪雨時にも発揮されるのか？――その二　森林の取り扱いから考える　森林科学　六三：二六―三一頁

75年を超える長期観測からわかったこと

五名美江・坪山良夫

実証データが切望されてきた「緑のダム」研究

森林に洪水を緩和する機能があることは、広く知られている。しかしその機能が、治水計画の対象となるような大雨に対しても無視できないほど大きいのか、それとも無視できるほど小さいのか、という点については、研究者の間で見解の相違があり、論争が続いている。

森林は地表から離れた上空に葉群層を形成し、ほかの地被状態にくらべて潜在的に水の蒸発が起きやすい状況をつくる。その一方で、孔隙の多い土壌で地表を覆い、斜面下方に向かう水の移動を緩やかにする。河川上流の森林は、流域にもたらされた雨水が地上で動きはじめる場所であり、そこで起きる水の動きは下流で利用可能な淡水資源の量と質に影響を及ぼす。それが水資源の貯留、洪水の緩和、ある

表2-1　日本の試験流域のうち、戦前に開始され、現在も観測を続けている試験流域

名　称	所在県	管　理　者	開始年	流域面積（ha）
釜淵１号沢	山形県	森林総合研究所東北支所	1939	3.1
釜淵２号沢	山形県	森林総合研究所東北支所	1939	2.5
宝川本流	群馬県	森林総合研究所	1937	1,905.7
宝川初沢	群馬県	森林総合研究所	1937	117.9
穴の宮	愛知県	東京大学演習林生態水文学研究所	1924	13.9
白坂	愛知県	東京大学演習林生態水文学研究所	1929	88.5
東山	愛知県	東京大学演習林生態水文学研究所	1929	106.5
竜ノ口山北谷	岡山県	森林総合研究所関西支所	1937	17.3
竜ノ口山南谷	岡山県	森林総合研究所関西支所	1937	22.6

いは水質の浄化などプラスの効果として現れるとき、森林には水源涵養機能があるとされ、あるいは緑のダムにたとえられる。

とはいえ、森林と水は必ずしも前者が後者を育むという一方通行の関係にはない。そもそも十分な降水がない土地には森林が成立しない。また、日本では概して標高の高い山岳地に森林が分布し、そこを源とする河川の水を下流の農地や都市域で使用している。この土地利用と水利用の組み合わせが、森林と水のかかわりをより身近に感じさせる一因になっている。

森林の水源涵養機能に関する研究の歴史は長く、その起源は今から一〇〇年以上前、足尾、太田、笠間の三カ所で日本初の流域試験が始まった一九〇六年に遡る（木村・山田、一九一四）。その後、一九二〇〜一九三〇年代に日本国内各地で相次いで流域試験が始まり、そのなかには東京大学演習林生態水文学研究所や森林総合研究所の森林理水試験地のように、今日も観測が継続されている試験流域がある（**表２-１**）。

洪水をもたらすような大雨はまれにしか襲来しないうえ、想定外の現象の発生などにより正確な観測が難しく、実証的な研究がきわめて困難である。実証的なデータを野外観測によって取得するためには、森林が成長し、土壌が形成されていく長い時間、降雨量と流出量を高い精度で、かつ、治水計画の対象となるような大雨が襲来しても壊れることなく連続データを記録する頑丈なシステムで観測を継続することが不可欠である。このような長期の野外観測は、短期的な研究プロジェクトや、研究者個人の努力だけでは決して実現できない。また、日々蓄積されるデータは膨大な量になり、それらを散逸させずに保管していくための組織的な体制も必要とされる。

長期に及ぶ観測は長年にわたる研究の歴史でもある。これらの試験流域に蓄積されてきた七五年から九〇年を超える長期データを活用することにより、これまで数多くの「緑のダム」研究の成果があげられている。ここでは、その一例として東京大学が管理している愛知県の穴の宮試験流域と、森林総合研究所が管理している群馬県の宝川森林理水試験地における長期観測ならではの成果を紹介し、流域試験の課題を探る。

洪水緩和機能の定量的評価——穴の宮試験流域における実証研究の例

穴の宮試験流域は、花崗岩のハゲ山が森林に再生する過程で、河川流量や蒸発散量がどのように変化するかを調べることを目的に、一九二四年に降雨量と流出量の観測を開始した試験流域である。穴の宮

写真2-1　穴の宮試験流域に広がっていたハゲ山（1923年）

試験流域が位置する愛知県瀬戸市は、一三〇〇年前から窯業がさかんで、燃料として大量の薪《まき》を必要としたため、江戸時代前期には周辺の丘陵地の樹木はすべて伐採され、自然には再生不可能なハゲ山と化していた。

穴の宮試験流域は、一九二二年に帝室林野管理局から東京帝国大学に引き渡されたさいには樹木が一本も生えていない状態であった。一九二四年から一九二八年にかけて農学部附属愛知県演習林（現在の生態水文学研究所）によって一三・九ヘクタールの流域の約半分に砂防植栽が施されたが、樹木の成長はきわめて遅く（**写真2-1**）、一九三七年の資料では、灌木地には樹齢二〇～三〇年生、樹高三メートル程度のマツと樹齢約一〇年生の灌木が疎生している状態であった。

その後、地表面は植栽をした樹木以外の植物に徐々に覆われ、一九二五年に三〇パーセントであった裸地面積率は、一九三五年には一九パーセント、一九四九年には一二パーセントと少しずつ減少した。単位面積当たりの樹木の蓄積（幹の体積の総量）は、一九五三年にはわずか一四立方メートル／ヘクタールであったが、その後少しずつ増大し、一九六四年には二二・八、一九八一年には三七・八、一九九〇年には八〇・八、二〇〇〇年には八八・七、二〇一〇年には一一八立方メートル／ヘクタールまで増加した。二〇一二年には裸地面積率は〇・二パーセントまで減少し、マツは消滅、樹高八～一〇メートルのネズミサシやコナラが流域を覆っている状態である。

この流域で、森林再生の初期と、その後約六〇年が経過して森林再生、土壌形成がある程度進んだ時期について、豪雨時の直接流出量やピーク流出量がどのように変化したのかを比較した結果、次のことが明らかになった。

豪雨時における降雨量―直接流出量関係の長期変化

ハゲ山に砂防植栽を施してから、森林が成長し、土壌が回復しつつあることにより、森林の洪水緩和機能を評価する指標の一つとして降雨量と直接流出量の関係がどのように変化したのかを、単独流域法[*1]によって定量的に明らかにした研究（五名・蔵治、二〇一二）を紹介する。

森林に覆われた後の土壌形成の進行期であった二〇〇〇～二〇一一年の一二年間は、土壌がほとんど

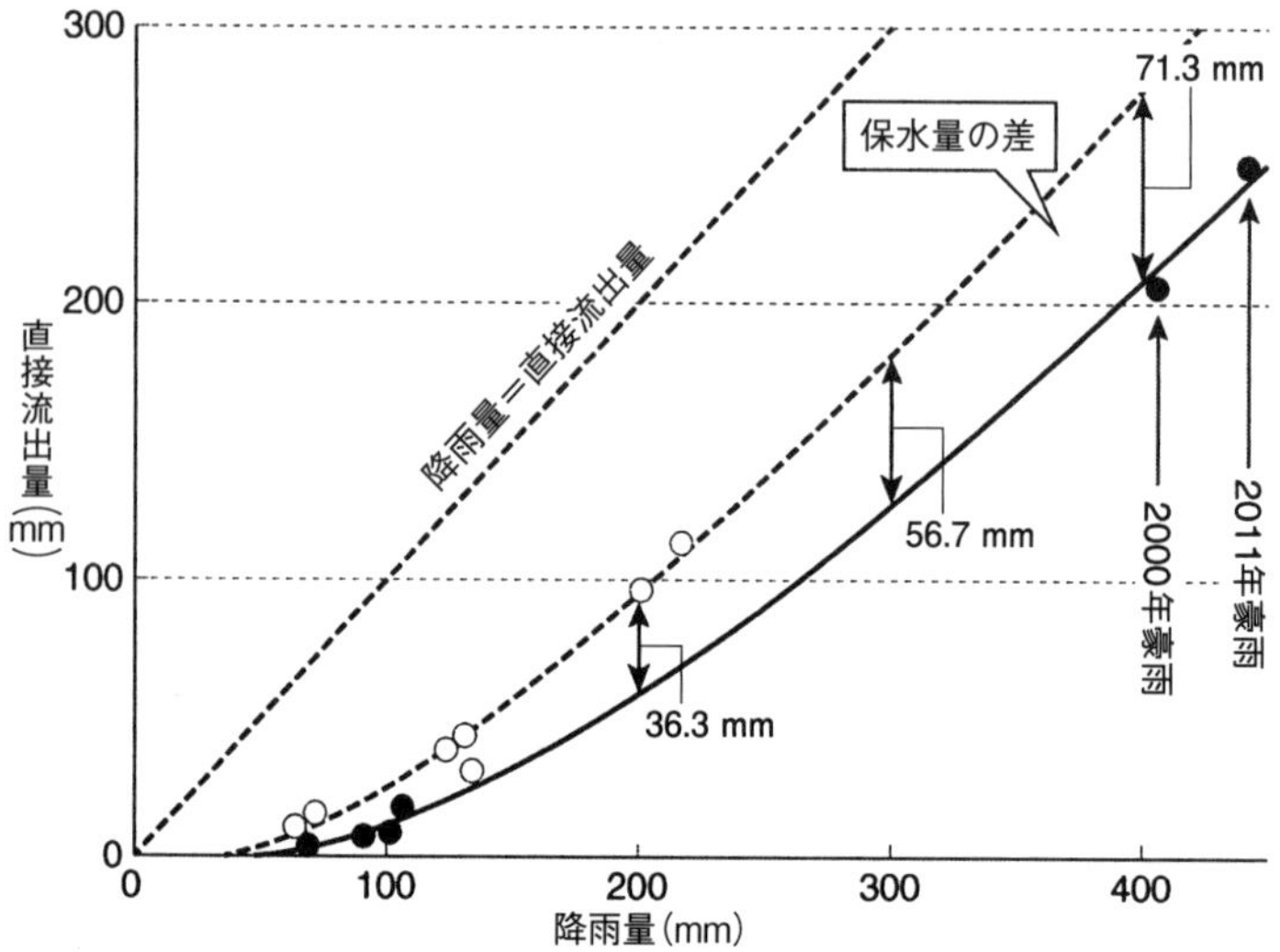

図2-1　穴の宮試験流域で観測された森林再生初期（1935〜1946年、○で示す）と土壌形成進行期（2000〜2011年、●で示す）における総降雨量60mm以上、最大降雨強度30mm以上の降雨に対する降雨量と直接流出量の関係（蔵治・五名、2013を改変）

形成されておらず一部は風化花崗岩の土壌が露出したハゲ山からの森林再生の初期であった一九三五〜一九四六年の一二年間よりも、同じ降雨量に対して推定直接流出量が小さくなり、その差は、二〇〇、三〇〇、四〇〇ミリメートルの降雨量に対してそれぞれ一六・〇、二五・八、三三・五ミリメートルと推定された。この差について、初期水分条件[*2]や最大降雨強度[*3]で区分して解析した結果、初期水分条件が乾燥の場合や、最大降雨強度が大きい場合により明瞭に現れた。

たとえば、初期水分条件が乾燥の場合、二〇〇、三〇〇、四〇〇ミリメートルの降雨に対して二〇〇〇〜二〇一一年は、一九三五〜一九四六年よりも推定直接流出量がそれぞれ一九・一、二九・一、三六・六ミリメートル小さくなり、最大降雨強度が大きい場合、二〇〇、三〇〇、四〇〇ミリメートルの降雨に対して二〇〇〇～二〇一一年は、一九三五～一九四六年よりも推定直接流出量がそれぞれ三六・三、五六・七、七一・三ミリメートル（それぞれ三八、三一、二六パーセント）減少した（**図2-1**）。一方、土壌が湿潤な場合および最大降雨強度が小さい場合は、両者の差は小さかった。

最大降雨強度が大きい場合に、森林再生による直接流出量の減少量が大きかったことは、蒸発散量の増加だけでは説明できない。部分的ではなく全体的な森林土壌の回復により、浸透能が増大した可能性や、土壌中の大量かつ長時間の一時貯留効果が発揮された可能性がある。

豪雨時のピーク流出係数の長期変化

次に、ハゲ山を森林に再生したことにより、洪水緩和機能を評価する指標であるピーク流出量に着目し、ピーク降雨量とピーク流出量の比として定義するピーク流出係数が、どのように変化したのかを定量的に明らかにした研究（五名・蔵治、二〇一三）を紹介する。

土壌形成進行期の一九九〇～二〇一一年の二二年間は、森林再生初期の一九三六～一九四六年の一一年間にくらべて、雨の降りはじめからピーク降雨量の開始時刻までの累積降雨量が〇、二五、五〇ミリメートルのとき、出水時のピーク流出量とピーク降雨量の比として求められるピーク流出係数の上限値は、それぞれ五三、四五、四二パーセント小さくなった（**図2-2**）。ピーク流出係数がおおむね半減す

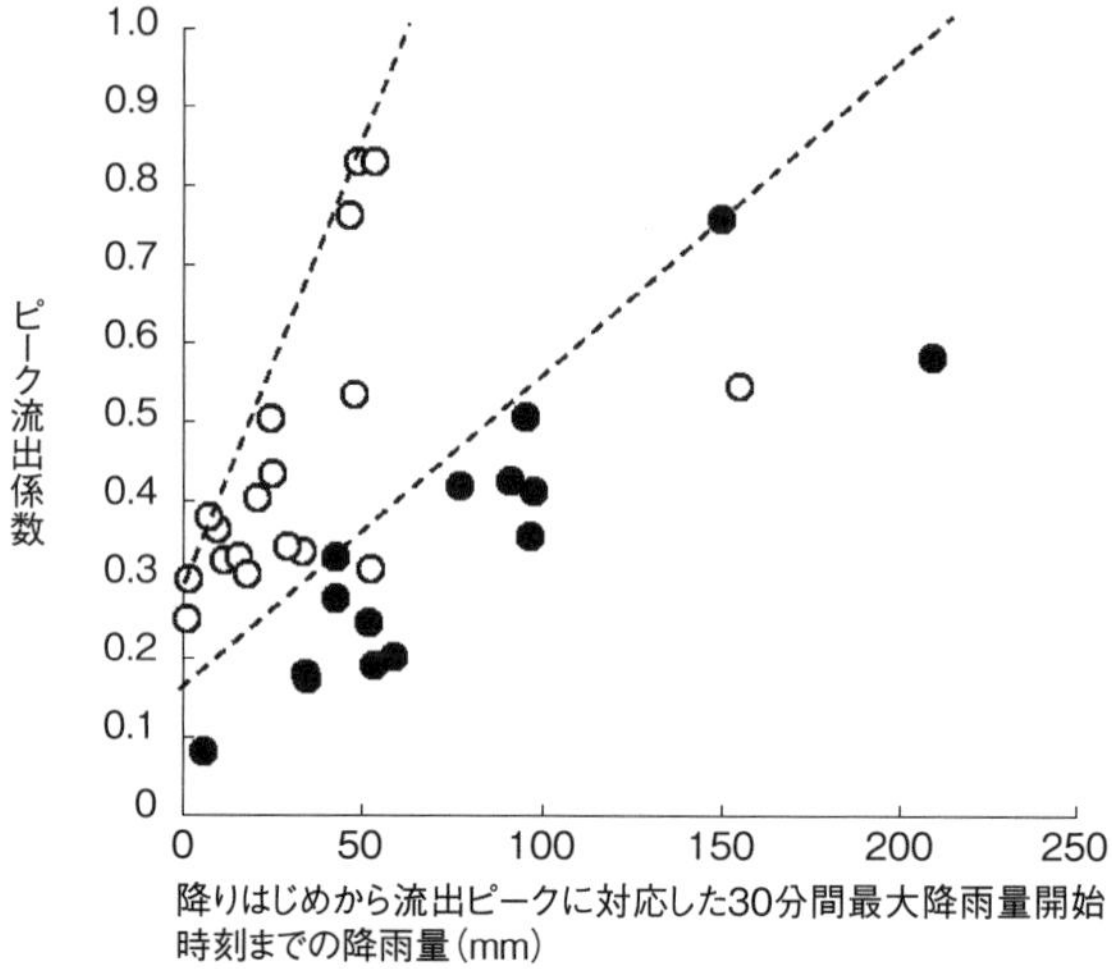

図2-2　穴の宮試験流域で観測された森林再生初期（1936～1946年、○で示す）と土壌形成進行期（1990～2011年、●で示す）における、降りはじめから流出ピークに対応した30分間最大降雨量開始時刻までの降雨量と、ピーク流出係数との関係
点線は前期と後期における、ピーク流出係数の上限を示す線（五名・蔵治、2013を改変）

るという結果は、この量がいわゆる雨水の洪水流出への配分抑制効果の一部としての降雨中の樹冠遮断蒸発量だけでは説明できないほど大きな減少であり、土壌の回復によって降雨中に流域内に貯留できる降雨量が増加したことにある。加えて、地表面の浸透能が増加したことや、地表を流れていた洪水流の一部が地中を流れるようになったことによって、全体として斜面における洪水流の流れに遅れが生じた可能性が考えられる。

　ここで注目すべきことは、これら一連の研究は、ハゲ山に砂防植栽を施す前後の比較をした研究ではなく、ハゲ山に砂防植栽を施した直後と、その後約六〇年が経過して森林が再生し、土壌が形成されてきた後をくらべていることである。

このような研究は、同じ場所で九〇年を超える期間、日々、とぎれなく観測が続けられてきたことにより、初めて可能となったものである。

森林伐採の影響評価——宝川森林理水試験地の研究事例

宝川森林理水試験地は、群馬県北部、利根川源流の多雪地帯に位置し、奥利根水源地域のブナを主とする原生林の開発にあたり、森林の伐採と流出量の関係を明らかにすることを目的に設置された。一九三七年、基地露場における気象観測とともに二つの流域（本流一九〇五・七ヘクタール、初沢一一七・九ヘクタール）で流出量の測定が始まり（**写真2-2**）、一九五七年には初沢流域内の三つの小流域（1号沢六・五ヘクタール、2号沢四・四ヘクタール、3号沢五・二ヘクタール）でも流出量が測定されるようになった。宝川森林理水試験地の植生の経過について**表2-2**に示す。

暖候期（八〜一〇月）の流出量への影響

吉野・菊谷（一九八四；一九八五）は、本流流域と初沢流域における四一年間（一九三八〜一九七八年）および初沢2号沢と初沢3号沢における二五年間（一九五七〜一九八一年）の測定結果を用いて、暖候期（八〜一〇月）における降雨量と流出量の関係をdouble-mass curve[*4]にもとづく手法により解析

写真2-2　上：宝川本流量水路（2010年）、下：宝川初沢量水堰堤（2006年）

表2-2　宝川森林理水試験地の植生の経過

年	試験地の名称と流域面積（ha） 宝川本流 1,905.7	初沢 117.9	初沢 1号沢 6.5	初沢 2号沢 4.4	初沢 3号沢 5.2	記事
1933年以前	ブナを主とする原生林					
1934～38	部分伐採(1)					1937年本流・初沢観測開始
|						
1948～52		50%択伐(1)				
|						1957年１～３号沢観測開始
1961	部分伐採(2)	皆伐(2)				
1962					30%択伐(3)	
1963	部分伐採、植栽(スギ、カラマツ)(2)			60%択伐(3)		
1964		植栽(スギ、カラマツ)(2)				
1965～66						
1967						
1968						
1969						
1970						
|						
1972				皆伐(3)		
|						
1975	部分伐採(2)					
1976	部分伐採、植栽(スギ、カラマツ)(2)					
1977						
1978	部分伐採(4)					
|						
1983～85	部分伐採(5)					1983年２、３号沢観測中止
|						
1987			帯状伐採(6)			
1988	部分伐採(5)					
|						
1995			皆伐(7)			
1996～現在						

出典　(1) 林業試験場研究報告 170：59-74, 1964
(2) 林業試験場研究報告 302：97-154, 1979
(3) 林業試験場研究報告 327：83-190, 1984
(4) 林業試験場研究報告 331：127-145, 1985
(5) 森林総合研究所研究報告 368：207-245, 1994
(6) 日本林学会誌 76：393-401, 1994
(7) 森林総合研究所研究報告 388：207-217, 2003

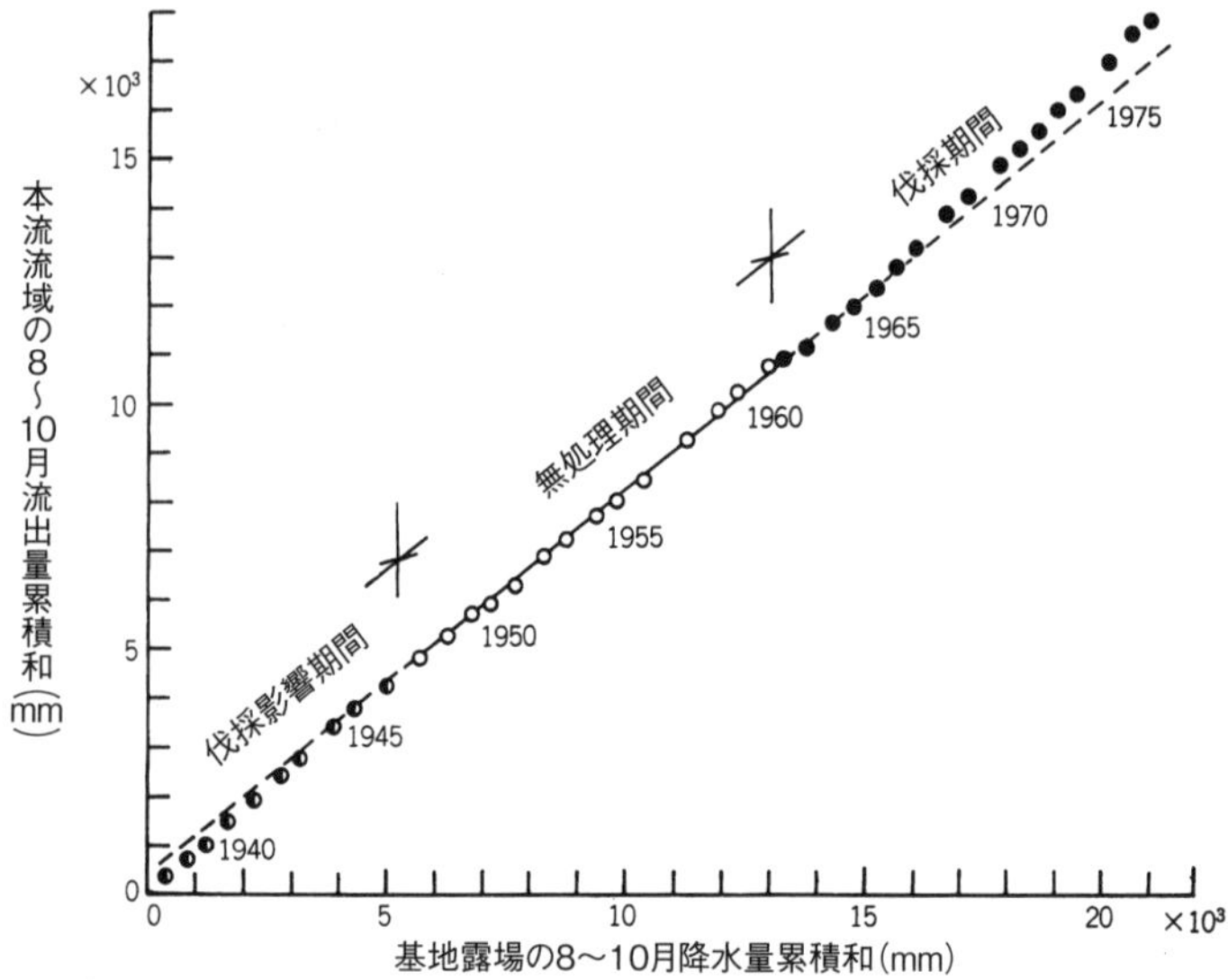

図2-3　本流流域における暖候期の流出量と降水量とのdouble-mass curve（吉野・菊谷、1984）

した（**図2-3**）。

その結果、本流流域では、一回目の伐採から一〇年以上経過した期間（一九四八〜一九六一年）にくらべると、一回目の伐採から最初の一〇年間（一九三八〜一九四七年）と二回目の伐採期間（一九六二〜一九七八年）の流出量が、一〇年以上経過した期間の降雨量と流出量の関係式から推定した値にくらべ、それぞれ一二・七パーセント、二三・二パーセント大きな値になった。一回目の伐採から最初の七年間（一九三八〜一九四四年）は流出量の変化量が大きく、その後徐々に変化量が減少していく傾向が見られた。二回目の伐採から最初の三年間（一九六二〜一九六四年）は流出量の変化はほとんど見られず、四年以上経過した期間（一九六五〜一九七八年）は明らかに流出量が増加した。

同じ手法で初沢流域の暖候期流出量を解析した結果では、原生林期間（一九三八〜一九四七年）にくらべ、五〇パーセント択伐期間（一九四八〜一九六〇年）と皆伐期間（一九六一〜一九七八年）の流出量が、それぞれ八・二パーセント、二二・三パーセント大きな値になった。一方、初沢2号沢の五〇パーセント択伐期間（一九五七〜一九六二年）、八〇パーセント択伐期間（一九六三〜一九七一年）、皆伐期間（一九七二〜一九八一年）の比較、初沢3号沢の五〇パーセント択伐期間（一九五七〜一九六二年）と六五パーセント択伐期間（一九六三〜一九八三年）の比較では、それぞれ五〇パーセント択伐期間にくらべて有意な流出量の変化は認められなかった。

融雪流出への影響

急峻な山地に広がる本流流域では、流域降水量の推定が観測開始以来一貫して最も大きな課題の一つであった（Tani, 1996）。そのため一九四〇〜一九五〇年代には、無積雪期は最大三七点で雨量観測、積雪期は最大五五点で積雪調査が行われた。その後、雪については、空中写真（杉山、一九七〇）による積雪分布の把握、積雪面積情報による積雪水量の推定（小池ら、一九八五）、ヘリコプターを使用した航空レーザ測量による積雪深分布の広域測定（Tsuboyama *et al.*, 2008）などが行われたが、一九四〇〜一九五〇年代のような規模の継続的な地上調査は行われていない。このような背景から、本流流域

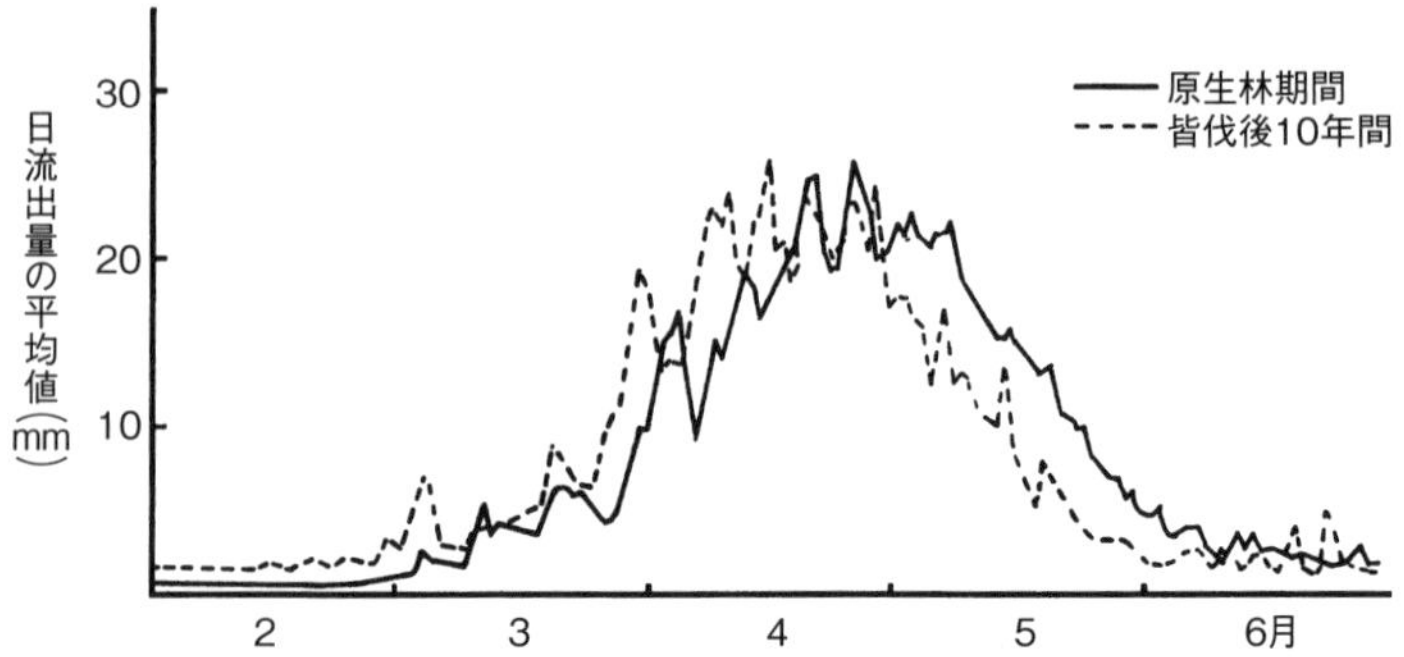

図2-4　融雪期における森林伐採前後の平均ハイドログラフ（志水、1990）

を対象にした森林施業と融雪流出の関係はまだ検討されていない。

初沢流域を対象に、志水（一九九〇）は原生林期間（一九三八～一九四七年）と皆伐後一〇年間（一九六六～一九七五年）の二～六月の流出特性を比較した（**図2-4**）。その結果、伐採により春先の融雪流出の増加する時期が早くなるとともに融雪流出の期間も短くなり、その傾向は積雪流出開始前（通常は三月上旬）の基地露場で測定された積雪の深さが小さい年に強くなることを明らかにした。

一方、志水・吉野（一九九六）は、一九八七年に初沢1号沢で行われた等高線にそった帯状伐採（面積率五二・五パーセント）の前後五年間（伐採前：一九八二、一九八四～一九八七年、伐採後：一九八九～一九九三年）の融雪期の流出を比較し、帯状伐採前にくらべて伐採後は融雪流出期間が平均で八日間長くなり、融雪期流出率は六四・五パーセントから七〇・九パーセントへ六・四パーセント大きくなったこと、帯状伐採地は森林地よりも日射吸収が大きいため融雪が促進されやすく雪質も変化しやすいこと、他方、伐開地では森林地にくらべ積雪量が増加しやすく周囲の残存林帯による日陰効果のため皆伐地よりも融雪が遅延されやすいことを明らかにした。

森林影響の情報だけをすくい取ることの難しさ

流域試験の現場で実際に得られるのは、森林以外の因子の影響も反映した水流出のデータである。そこから森林の影響に関する情報をすくい取るには、何らかの方法でほかの因子の影響を切り分けるか、少なくとも森林以外の因子の影響の大きさをそろえる必要がある。このような背景から流域試験には大別すると三種類の実施方法（単独流域法、並行流域法、対照流域法）がある（**図2-5**）。

本稿で紹介した事例は、いずれも単独流域法によるもので、比較の対象となる二時期ないし三時期の間の気象条件の違いの影響を減らすため、各時期の流出の特徴を複数年の平均値として表現している。複数年の観測値を平均することで、各時期内の気象条件の経年的な変動とともに、各時期間の違いも均《なら》されることを期待する考え方である。

気象条件に長期的な傾向がある場合、単独流域法の結果はその影響を受ける。他方、近接する複数流域での観測を同時に行う並行流域法では、気象条件の長期的な傾向の影響は受けないが、各流域の個性の影響を受ける。このような理由から、両者の組み合わせである対照流域法が、森林変化の影響を検出するための最も緻密な方法とされ、東京大学演習林生態水文学研究所や森林総合研究所の森林理水試験地の多くも対照流域法を実践するための試験設計になっている。

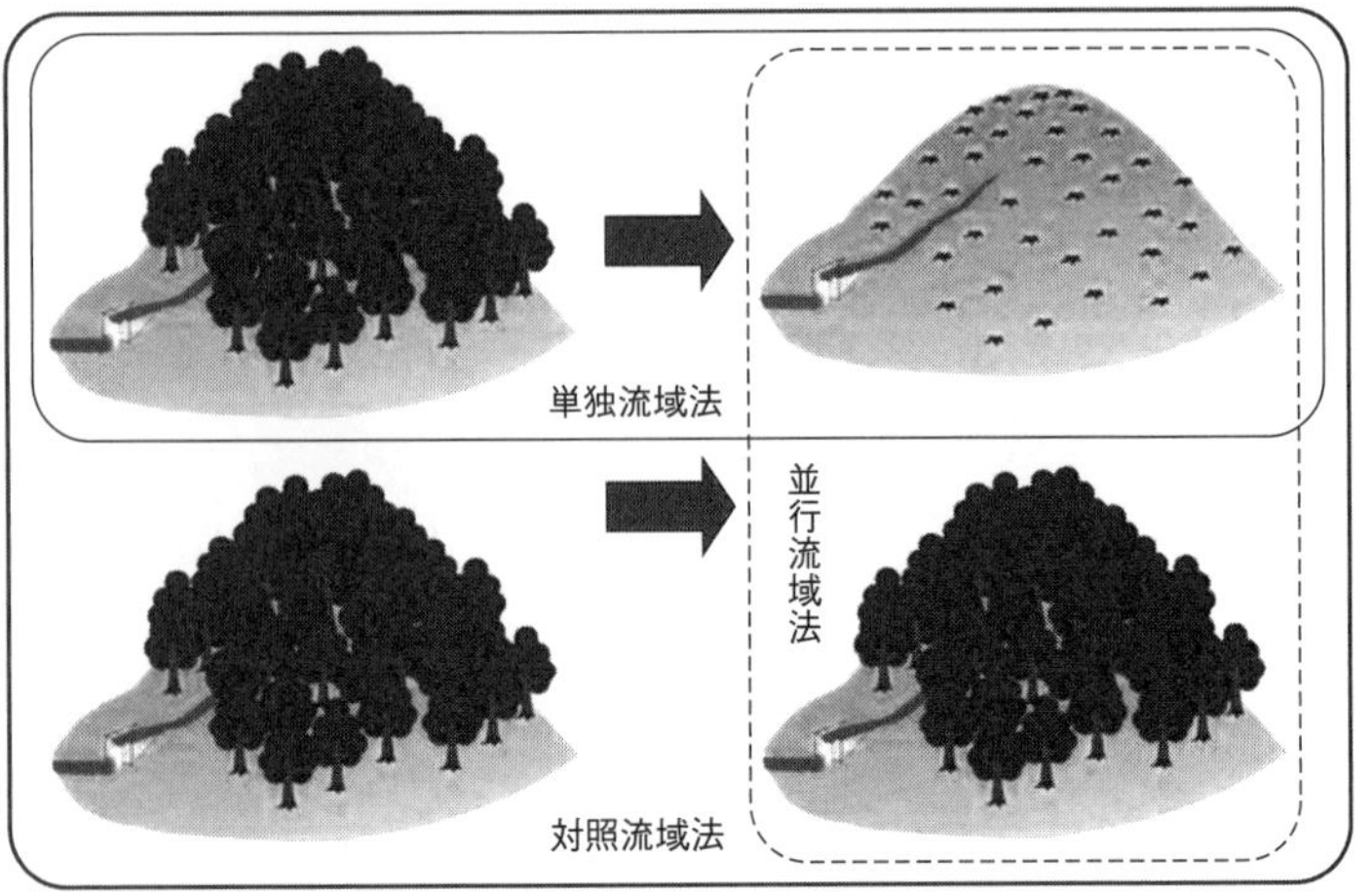

図2-5　流域試験の種類
単独流域法、並行流域法、対照流域法の3つがある。

本稿ではふれていないが、対照流域法による結果は非常に明快で、それ故に調査事例も多い（たとえば、玉井、二〇〇八）。

ただ、対照流域法にも克服すべき課題はあると筆者は思う。それは森林変化の影響を検出するため二つの流域の流出特性の差分を取るというプロセスのなかで、ほかの因子の影響に対して森林の影響がどの程度の重みをもつか、かえって見えにくくなっている点である。ほかの因子の影響の一例として、気候変動の影響はもちろん、過去の樹木の成長や被災後の植生回復のように数十年に及ぶ森林変化を解析する場合でも、気象条件はそれなりの幅で変化している。

対照流域法を中心とする流域試験で得られた知見を生かすには、対照流域としている個々の流域自体で得られた知見を再現ないし予測するための研究蓄積が必要である。

＊1——**単独流域法**　一つの流域を対象として、二期間を設定して比較する方法である。五名・蔵治（二〇一二：二〇一三）では、土壌形成進行期と森林再生初期の二期間を設定している。

＊2——**初期水分条件**　直接流出量は降雨直前の流域の水分状態に大きく影響されることはよく知られている。ここでは、先行研究にならい、流域の初期水分条件の指標として初期流出量を用いることとし、ハイドログラフの分離線の始点の流出量と定義して解析に用いた。

＊3——**最大降雨強度**　同じ降雨量、同じ初期水分条件であっても、直接流出量は大雨時のホートン地表流の発生の有無などに応じて増減する可能性があるため、最大降雨強度も直接流出量に関係する要因の一つとして考えられる。そこで本研究では最大降雨強度を降雨イベント中に観測された最大時間雨量（mm h^{-1}）と定義して解析に用いた。

＊4——**double-mass curve**　縦軸と横軸の項目（ここでは、降雨量と流出量）それぞれについて、積算した値で描いたグラフ。

引用文献

五名美江・蔵治光一郎　二〇一二　ハゲ山に森林を再生した小流域における降雨量—直接流出量の長期変化　日本森林学会誌　九四：二一四—二二二頁
五名美江・蔵治光一郎　二〇一三　ハゲ山に森林を再生した小流域におけるピーク流出係数の長期変化　日本森林学会誌　九五：三一五—三二〇頁
木村喬顕・山田熹一　一九一四　有林地ト無林地トニ於ケル水源涵養比較試験　林業試験報告　一二：一—八四頁
小池俊雄・高橋裕・吉野昭一　一九八五　積雪面積情報による流域積雪水量の推定　土木学会論文集　三五七／Ⅱ—三：一五九—一六五頁
蔵治光一郎・五名美江　二〇一三　七〇年以上の長期モニタリングが明らかにした治水計画の対象となるような大雨時の森林保水量の実態　科学　八三（四）：三九七—四〇二頁

志水俊夫　一九九〇　森林伐採が融雪流出に及ぼす影響　雪氷　五二（一）：二九―三四頁

志水俊夫・吉野昭一　一九九六　等高線にそった帯状伐採が融雪流出に及ぼす影響　雪氷　五八（一）：三―一〇頁

杉山利治　一九七〇　空中写真による山地積雪分布の測定　雪氷　三二（三）：五五―六二頁

玉井幸治　二〇〇八　森林理水試験によって明らかになったことと今後への期待――竜ノ口山森林理水試験地を例にして　水利科学　三〇二：三四―五六頁

Tani, M. 1996. An approach to annual water balance for small mountainous catchments with wide spatial distributions of rainfall and snow water equivalent. *J. Hydrol.*, 183: 205-225.

Tsuboyama, Y., Shimizu, A., Kubota, T., Abe, T., Kabeya, N. & Nobuhiro, T. 2008. Measurement of snow depth distribution in a mountainous watershed using an airborne laser scanner. *J. For. Plann*, 13: 267-273.

吉野昭一・菊谷昭雄　一九八四　高海抜流域における森林伐採と暖候期間の流出量変化　第一報　宝川試験地の本流流域について（宝川森林治水試験第四回報告）　林業試験場研究報告　三三二：一二七―一四五頁

吉野昭一・菊谷昭雄　一九八五　高海抜流域における森林伐採と暖候期間の流出量変化　第二報　宝川試験地の初沢流域、初沢2号沢および初沢3号沢流域について（宝川森林治水試験第五回報告）　林業試験場研究報告　三三三：三七―六五頁

河川工学、治水の立場から

山田　正

近年、地球温暖化により雨の降り方が変わるなどの問題が指摘され、さまざまな機関から近年の異常気象や長期的な気候変動に関して報告書が発行されている。たとえば、ＩＰＣＣ第五次評価報告書（Climate Change 2013：The Physical Science Basis）では、地域的な例外はあるかもしれないと断ったうえで、二一世紀の世界の水循環の変化は一様ではなく、地域および時季によって雨が多くなったり、雨が降らなくなったりといった極端化が増加すると指摘されている。

筆者は、この地球温暖化に関する対策について、土木学会において提言をしている。その提言内容は次の通りである。地球温暖化と気候変動による影響は、生態系、水資源、食料、沿岸と低平地、産業、健康など広範囲に及び、それぞれの分野における社会基盤整備と密接な関係を有している。このため土木技術の活用による社会基盤整備の着実な推進と地球温暖化や気候変動による社会基盤への影響を低減させる努力が必要である。特に人が直接的な影響を受ける水と水循環に関する分野では、家屋の浸水や土砂崩れといった水害や渇水の発生によって自然・社会が深刻な影響を被る可能性がある。これらの将来のリスクに対して、土木技術の活用による適応策の役割がきわめて重要である（土木学会地球温暖化対策特別委員会、二〇〇九）。

地球温暖化とそれにともなう気候変動は将来の社会に対してネガティブなイメージになりがちであるが、地球と人類がこれからも末永く共存していくためにも、健全な水・熱循環社会を創造するいいチャンスであるとも考えられる。日本では近年、ゲリラ豪雨といわれる局所的集中豪雨が多発しており、それによって引き起こされる土砂災害や内水氾濫など、多くの被害が生じている。特に二〇〇八年に起きた神戸市都賀川《とがかわ》における水難事故では、上流域の豪雨により一〇分間で一・三四メートルもの急激な水位上昇が生じている。地上雨量計や水位計による洪水の監視体制ではこの水難事故を防ぐことは困難であり、新たな対策の必要性を認識する契機となった。ゲリラ豪雨を早期に探知するために、二〇〇九年から最新の技術を用いたXバンドMPレーダ[*1]を国土交通省が都市部を中心に整備を始め、二〇一四年までに北海道から九州にわたって三八基設置されている（二〇一四年二月現在）。このレーダの降雨観測により、ＸＲＡＩＮ（http://www.river.go.jp/xbandradar/）といわれる二五〇メートル四方のエリアの降雨データが一分ごとに配信され、誰もがパソコンや携帯電話を使いリアルタイムでゲリラ豪雨の発生を知ることができるようになっている。

ここからは、これらの諸問題に対して、筆者が近年取り組んできた研究の成果の一部を示す。

小規模降雨に対しての緑のダム、大規模降雨に対してのダム

降雨に起因する水害に関して、これまでに「緑のダム」と呼ばれる森林土壌の保水による治水効果の議論がされていて、「緑のダム」により水害を十分に防げるという意見もある。しかし、結論を先に述べると、森林土壌の保水効果には限界があり、水害が発生するさいの強い降雨や長く継続的な降雨では、その十分な効果は期待できない。

森林土壌をスポンジにたとえると、その保水効果をイメージしやすい。スポンジに水をかけてもある量までしか吸水されず、それを超える量はそのまま流れ出てくる。それと同様に、ある規模を超えた雨が降ると、森林土壌で保水しきれず、保水効果は失われ雨はそのまま流れ出てくるのである。これに対してダムでは、雨とダム水位を常に観測し、雨が集まりダム湖へ入ってくる量（ダム流入量）を把握することで、ダム湖にためる量（ダム貯留量）とダム下流の河川に流す量（ダム放流量）をそのときのダム流入量の実態に応じて決定している。そのため、小規模な降雨だけでなく大規模な降雨でも治水効果を発揮することができる。

また、想定を超える非常に大規模な降雨においてダム湖が満杯になる場合は、「ただし書き操作」というダム流入量と同じ量を放流しダム水位を維持する操作を行うことになる。このただし書き操作により下流河川において水害が発生する可能性はあるが、その被害はダムがない場合と同等かそれ以下の規模であり、ダムにより悪化することはない。そこで筆者は、ダムの治水効果をより向上させるため、洪

水前に放流（事前放流）しダム湖の水位を下げ、ダムに貯留できる量（洪水調節容量）を増やす手法を提案している（戸谷ら、二〇〇六：下坂ら、二〇〇九：北田ら、二〇一〇）。

図3–1に示すのは、洪水ごとの時々刻々の雨の降りはじめからの雨量の合計（累積降雨量）と累積損失雨量（累積降雨量—累積流出量）と呼ばれる「緑のダム」などにたまった雨量の合計の関係である。

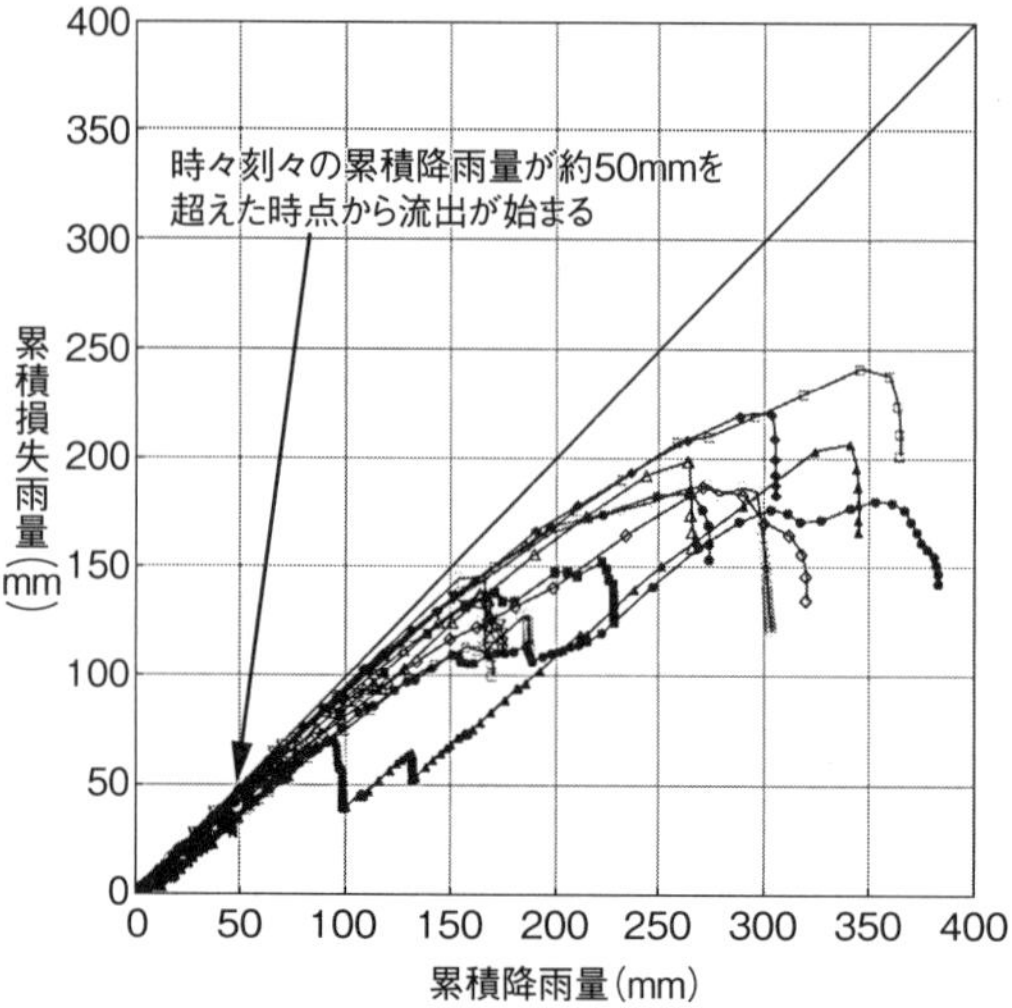

図3–1　時々刻々の累積降雨量と累積損失雨量の関係
図中の線は、それぞれの線が１つの洪水を表し、各線上のプロットは、時々刻々の累積降雨量と累積損失雨量の関係である。（利根川水系渡良瀬川草木ダム流域の総降雨量100mm以上である16個の洪水データから作成）

また、**図3–2**に示すのは、洪水ごとの累積降雨量と累積損失雨量の関係である。

これらの関係をみると、図に示す四五度の角度の直線上にグラフの点があれば、雨をすべて「緑のダム」にためていることを表しており、累積降雨量が約五〇ミリメートルまでは「緑のダム」の効果が確認できる。しかし、累積降雨量が約五〇ミリメートルを超えた時点から四五度の直線からずれはじめ、降雨量が大きくなるにしたがいそのずれは大きくなっている。つまり、

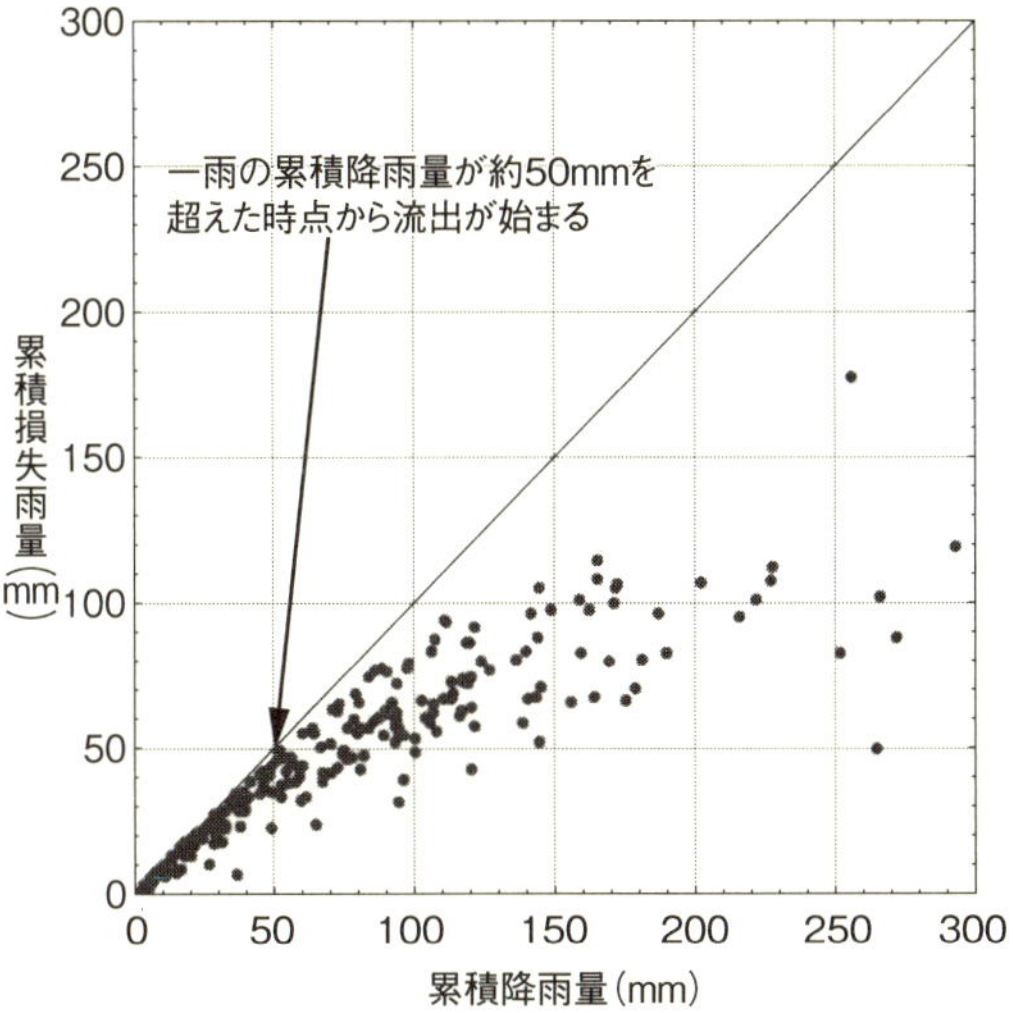

図3-2　一雨の累積降雨量と累積損失雨量の関係
図中の１つのプロットは、１つの洪水を表しており、一雨の累積降雨量と累積損失雨量の関係を示している。（利根川水系渡良瀬川草木ダム流域の総降雨量540mm以下である250個の洪水データから作成）

「緑のダム」は降雨量が小さいときには治水効果を発揮できるが、洪水被害が発生するような大規模な降雨時にはすべての雨をためる治水効果は見こめないのである。

雨の降り方は河川流量に影響を与えるのか

雨の降り方による河川流量に与える影響は、降った雨が河川へと流れ出る過程（降雨流出過程）をシミュレーションし河川流量を算出することで、その影響を評価することができる。降雨流出過程の理論や手法は数多く提案されているが、筆者が提案する理論を用いた研究成果を以下に示す。

降雨流出過程の理論を用いて降雨から流量を計算するものを「流出モデル」といい、その流出モデルは目的に応じて異なるモデルが用いられることが多い。流出モデルによって算出される河川流量は、治水目的の場合、洪水時の河川流量を正確に算定することが重視され、利水や環境を目的とする場合は、洪水時だけではなく日常（低水時、平水時）の河川流量の算出精度が重視される。しかし、実際の降雨流出過程は低水・平水時と洪水時とが連続して起きている現象のため、両者の流量を再現できるモデルが望ましいといえる。筆者らは物理法則にもとづいたうえで、同一のモデルで低水・平水時や洪水時を高い精度で再現できる流出モデルを提案している（吉見・山田、二〇一四）。

　雨の降り方については、台風といった降雨成因によって降雨が継続する時間と雨が降るエリアが異なっているという特徴がある。低気圧による降雨の場合は二〇〇〇キロメートル以上のエリア（マイクロβスケール）で一週間以上の降雨が継続する。ほかの降雨成因ごとの降雨のエリアと時間は、台風や前線の場合二〇〇～二〇〇〇キロメートルのエリア（メソαスケール）・数日～一週間、巨大雷雨や集中豪雨の場合二〇～二〇〇キロメートル（メソβスケール）・数時間～数日、積乱雲やゲリラ豪雨の場合二～二〇キロメートル（メソγスケール）・数分～数時間となっている。さらに、この二〇年来の筆者の研究成果では、一〇〇キロメートル程度の線状の降雨エリアで一日程度の雨が降りつづく降雨の発生を確認している（池永ら、一九九七：志村ら、二〇〇〇）。降雨エリアが広く降雨が長く続く台風や低気圧を成因とする降雨は、従来のCバンドレーダ[*2]を使い観測している。一方、ゲリラ豪雨の観測にはXバンドMPレーダが威力を発揮する。

　これらの面的に観測できるレーダ雨量と、長期間観測・蓄積されている地上雨量データの比較検証は、河川流量の算出にさいし、非常に大きな意味をもつ。筆者は、精緻に観測可能となったレーダ雨量データや地上雨量データを用いて流出計算を行い、雨の降り方と河川流量の関係を検証している。以下に、利根川における事例を示す。

利根川流域の既往最大洪水をもたらしたカスリーン台風時（一九四七年九月）の三日総雨量は約三二〇ミリメートルであった（土木学会水工学委員会、二〇一二）。支川流域の総雨量は変えず、雨の降り方のみを変えた場合に、利根川中流の八斗島《やったじま》地点における河川のピーク流量がどの程度異なるのかを検証してみると興味深い結果が得られた（**図3−3**）。

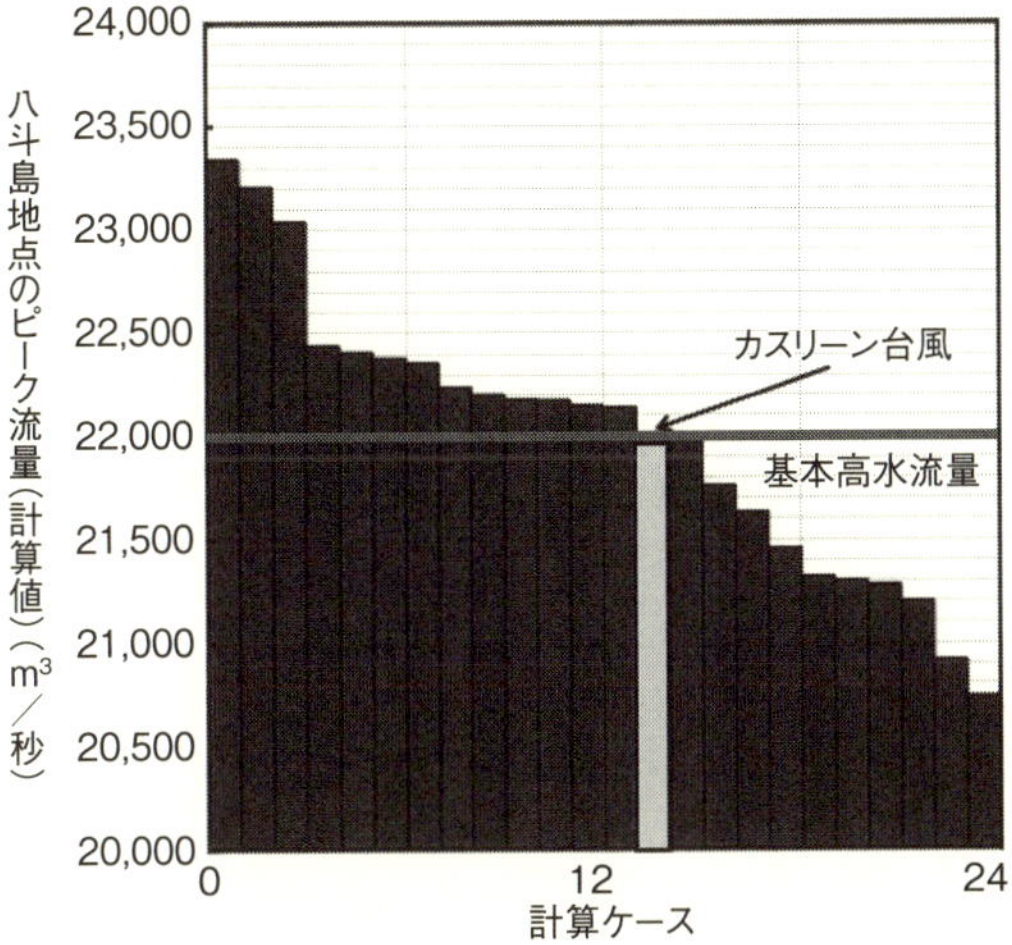

図3−3　利根川上流域の雨の降り方が異なる場合の八斗島地点のピーク流量
カスリーン台風時の雨の降り方をもとに、総降雨量は変えずに支川の降雨を設定し流出計算を行った。この図から、雨の降り方の変化によって、懸案地点のピーク流量は20,800〜23,300m^3/秒の値域で変化することがわかる。図中の実線は利根川上流域の基本高水流量を示している。

具体的には、まず利根川上流域を主な支川の四流域に分割し、雨の降り方としてそれぞれの支川流域の一時間ごとの雨量（降雨波形）を設定している。その想定した降雨波形を各流域に適用させ、総雨量が変わらないように倍率を掛け、雨の降り方として波形と総雨量を定義した。降雨波形と総雨量の組み合わせにより、雨の降り方として全二四ケースを作成した。図3-3が示す一つひとつの棒グラフは、二四ケースの雨の降り方による八斗島地点のピーク流量を表しており、約二万八〇〇〜二万三三〇〇立方メートル／秒の間の値をとることがわかる。その中で、実際のカスリーン台風時の雨の降り方では八斗島のピーク流量は二万二〇〇〇立方メートル／秒（利根川河川計画の基本高水流量〈ダムがないと想定した流量〉）と計算され、半分以上のケースでこの流量を上まわっている。

そのため、河川計画の基準となる現行の基本高水流量は、実際の雨の降り方に依存しており、降り方が変わればこの基準となる流量が必ずしも安全ではないことがわかる。これをふまえると、さまざまな降雨を想定したうえで河川流量を算出し、河川計画の高水流量を見直す必要があるといえよう。

次にダムの治水効果として、利根川上流域に建設中の八ッ場《やんば》ダムの事例を示す。八ッ場ダムの整備により、ダム下流の吾妻川や群馬県内の利根川はもちろん、利根川下流部の茨城県・埼玉県・千葉県・東京都など首都圏の洪水被害が軽減すると期待されている。なお、利根川（渋川地点下流、一九九〇年度河川現況調査による）における想定氾濫区域の面積は一八五〇平方キロメートルとなり、区域内の資産額約五〇兆円、人口約四五〇万人に影響が及ぶものと想定されている。

筆者は、八ッ場ダムがカスリーン台風時に建設されていたとする場合に、八斗島地点の河川流量や水位にどの程度治水効果があるかを計算により求めている。それによれば、カスリーン台風時に八斗島地点において、ダムがない場合の流量に対して最大四パーセントの流量低減効果が見こめることがわかっている（吉見ら、二〇一二）。これは、水位では〇・四メートル近い低減効果といえる。水位低下〇・

四メートルという値は小さいという印象を受けるかもしれないが、川幅が一キロメートル以上ある八斗島地点の河道断面を考えると、その効果は大きいことが容易に想像できよう。

山地で観測された総雨量の年最大値には周期性がある

日本の地上雨量計による雨量観測期間は、一級河川においてすら、たかだか一〇〇年程度のものである。それも流域内に数個の雨量計が置かれていた程度で、またその多くは維持管理しやすい平地に設置され山地斜面に設置することは少ない。河川計画の根幹をなす流域内雨量の把握は以下に記すさまざまな問題点を内包するのが宿命である。①雨量計の設置台数の少なさ、②雨量計の設置場所の偏り、③雨量観測の観測期間の短さ、④雨量計の観測精度（雨量計の口径〈二〇センチメートル〉が小さいため風により捕捉率が低下しやすい、不適切な設置場所の問題）、⑤山地中小河川の流域における設置台数の極端な少なさ、⑥都市中小河川流域における適切な設置場所の不足、⑦局所的集中豪雨（ゲリラ豪雨）や線状降水帯の空間スケールに対する雨量計設置密度の低さ、などの雨量把握に関する問題点がある。この実情をふまえると、雨量データにともなう不確実性は幾重にも存在するのである。そして上記の問題のほぼすべてが雨量を実際の値よりも少なめに評価することに留意しなければならない（この問題のかなりの部分を解消するのが、国土交通省が設置したXバンドMPレーダである）。我々はこの雨量データの不確実性を前提としたうえで、適切に雨量を評価しなければならないのである。

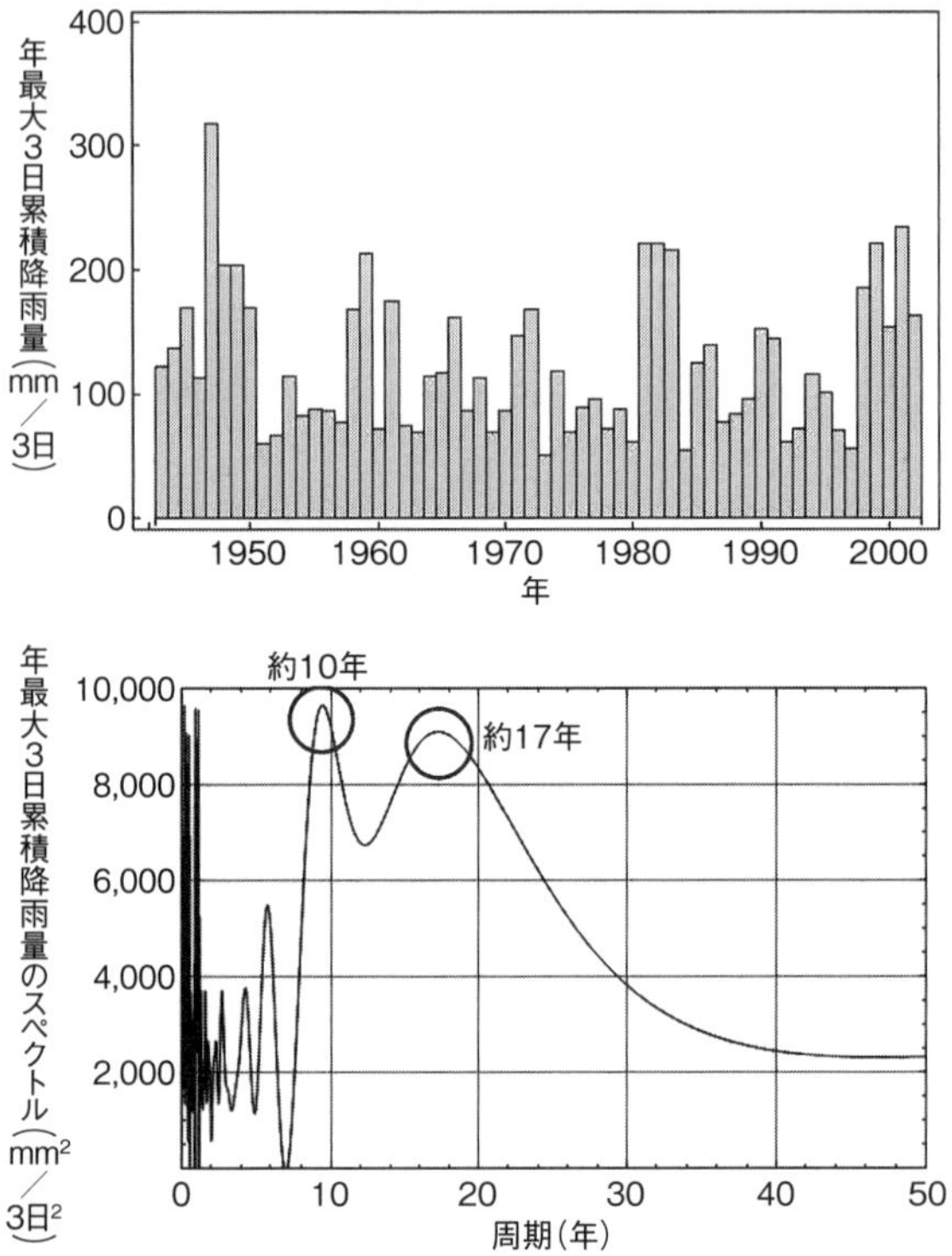

図3-4　利根川上流域の流域平均年最大3日累積降雨量（上）とそのスペクトル（下）
上は利根川上流域の流域平均年最大3日累積降雨量を1943年から2002年までプロットしたものである。下は上図のデータのスペクトル解析の結果である。約10年と約17年に卓越した周期があることが確認できる。

筆者は、大河川である利根川流域において、台風や前線性の降雨は三日間にわたり降りつづける場合があることを考慮し、雨量計のデータを用いて三日雨量の年最大値（年最大三日累積降雨量）の時系列の特性を明らかにした。年最大三日累積降雨量の時系列データを**図3-4上**に示す。これらの時系列雨量データのスペクトル解析[*3]を行い周期性の分析をした。その結果を**図3-4下**に示している。

それによれば、利根川上流域の流域平均年最大三日累積降雨量は約一〇年と約一七年の周期成分が卓越していることがわかる（スペクトル解析の結果、五年未満の短い周期成分が卓越しているが、短い周期性は一般的にみられるためここでは着目しない）。

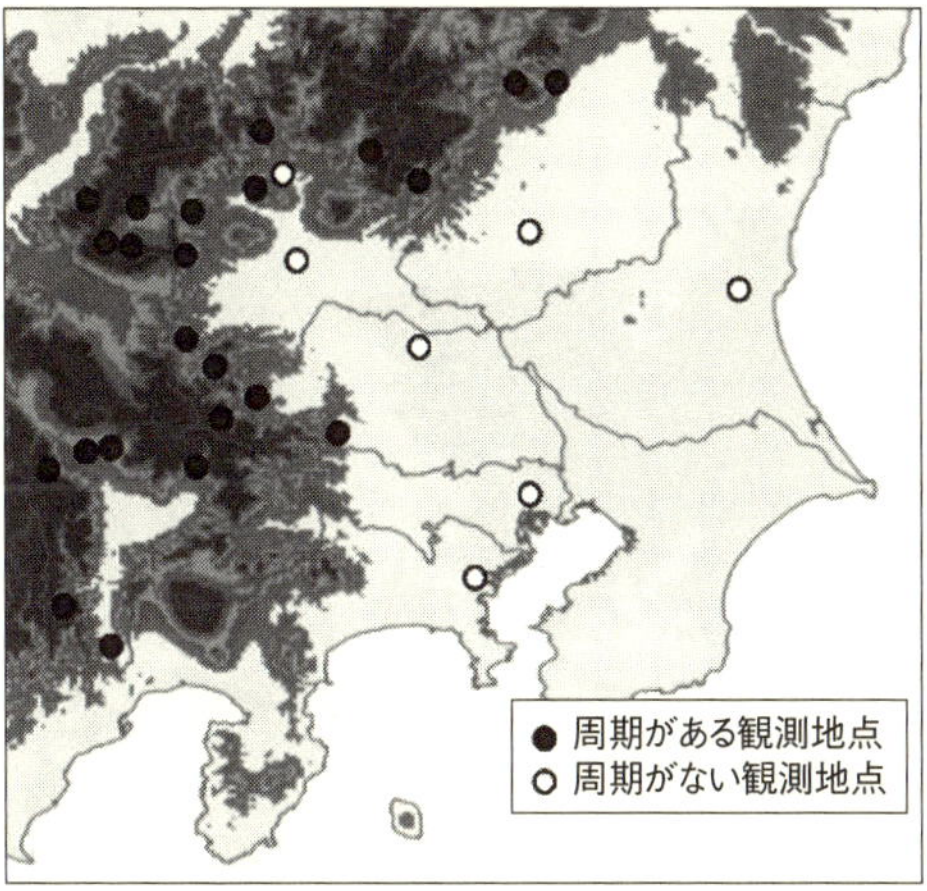

図3-5 関東地方における年最大3日累積降雨量の周期性の有無
年最大3日累積降雨量の周期性の有無の空間分布を表している。●地点は周期性が確認された雨量観測所であり、○地点は卓越した周期が確認されなかった雨量観測所である。これから、山地部の標高が高い地点に周期性が確認された。（「国土数値情報〈標高・傾斜度3次メッシュデータ、行政区域データ〉国土交通省」より作成した図に観測所位置を加筆）

同様にして、関東地方の雨量観測所三〇地点（山地部二四地点、平野部六地点）について、同様に年最大三日累積降雨量の周期成分について明らかにした。関東地方の年最大三日累積降雨量の周期性の有無を**図3-5**に示す。山地部でその周期性が卓越しており、山地部の観測所二四地点中二三地点で年最大三日累積降雨量に一〇年前後の卓越周期があり、平野部の観測所六地点中すべての点で一〇年程度の卓越周期は確認されなかった。地球温暖化による気候変動の影響として多雨化が予測されていることをふまえると、将来この周期性は短期化し、また年最大三日累積降雨量は大きくなると考えられ、水害が発生する危険性が高まることになる。

高い日本の治水技術レベル

小規模な洪水（総降雨量が五〇ミリメートルに満たない降雨）であれば、森林は「緑のダム」の効果により、洪水初期の流量の増加を遅らせることができ、防災的な効果を有する。一方で大規模な洪水時には、「緑のダム」の保水能力ではピーク流量を低減し、水害を防ぐまでの十分な能力を有するとはいえない。さらに、地球温暖化の気候変動によって水害が増加するとされており、最新の土木技術の活用による気候変動の適応策の役割が改めて重要だといえよう。「緑のダム」といわれれば、一般市民からすれば耳触りがよく、いかにも森林さえ保存すれば大きな水害を防ぐことができると考えがちである。しかしながら、森林のもつ保水能力は上述のとおり、限界があるのである。いわゆる「八ッ場ダム論争」のさいにも「緑のダム」に関して多くの議論がなされたが、森林のもつ保水効果は、すでに河川計画に組みこまれているものであり、水害を起こすような洪水時に新たに効果が発揮されるような代物とはならないのである。

地球温暖化の気候変動は時間的・空間的にも、またその質的・量的にも多くの不確実性が存在することが指摘されている。上記で取り上げた筆者の研究成果にもあるように、雨の降り方によっても河川流量は鋭敏に反応し、その性格をつかむことは容易ではない。これに対して、日本の土木技術者は too much water と too little water にかかわる水問題・水害に関して歴史上多くの成果をあげ、他国に例をみない安定した国土の形成に寄与しており、その経験からさまざまな水に関する解決可能な政策手段と技術的オプションを獲得し、その質を高め、社会変化や地球温暖化の進展に応じた多くの選択肢を提示することができる。

筆者はこの一〇年、韓国、中国、ベトナム、タイ、マレーシア、フィリピンなどの東南アジア諸国を何度も訪れ、現地の実情を詳細に調査してきた。これまでの経験から、日本における技術レベルは非常に高いと感じており、またそれは揺るぎない事実であるといえよう。この水に関する解決策のバリエーションと技術レベルの高さにさらなる磨きをかけ、日本の治水技術を確固たる自信をもって世界へ発信していく必要がある。

なお、北海道大学大学院工学研究院の山田朋人准教授には、図3-2の作成にあたり、解析データをご提供いただいた。ここに記して謝意を表する。

＊1——**XバンドMPレーダ**　レーダとは、雨に向かって電波を発射して、雨から反射した電波を受信し、それを分析することで降雨量を観測する装置である。Xバンドとは、使用する電波の波長が三センチメートルであることを意

味する。波長が短いほど、空間的に密に観測できるが、観測可能なエリアは狭くなる。MPとは、マルチパラメータの略で、水平方向と鉛直方向の複数（マルチ）の電波を用いることで、雨量の観測精度を高めている。

＊2――**Cバンドレーダ**　Cバンドとは、使用する電波の波長が五センチメートルであることを意味する。このレーダは観測エリアが広い特徴があるため、日本全域の雨量は現在Cバンドレーダを用いて観測している。

＊3――**スペクトル解析**　たとえば、虹は、空気中の水滴のプリズム効果により光が分解され、光のスペクトルが色ごとに並んで見えている状態である。これと同様に、スペクトル解析とは、時系列データを周期ごとに分解しその強さを求めることで、卓越する周期がわかる解析手法のことである。

引用文献

Climate Change 2013 : The Physical Science Basis, IPCC Fifth Assessment Report, Summary for Policymakers. 2013.

土木学会地球温暖化対策特別委員会　二〇〇九　地球温暖化に挑む土木工学

土木学会水工学委員会（編集委員長：山田正）　二〇一二　日本のかわと河川技術を知る――利根川

池永均・久米仁志・森田寛・山田正　一九九七　ドップラーレーダを用いたメソβスケール降雨特性の解析　水工学論文集　第四一巻：一四七―一五四頁

北田悠星・菊地慶・岡部真人・山田正　二〇一〇　気象庁の降水短時間予報を用いて既存のダムの洪水調節機能を向上させる手法の提案　水工学論文集　第五四巻：五二三―五二八頁

下坂将史・呉修一・山田正・吉川秀夫　二〇〇九　既存ダム貯水池の洪水調節機能向上のための新しい放流方法の提案　土木学会論文集B　六五（二）：一〇六―一二二頁

志村光一・原久弥・山田正　二〇〇〇　レーダ雨量計を用いた関東平野における降雨形態の分類と降雨発生メカニズムに関する考察　水工学論文集　第四四巻：九七―一〇二頁

戸谷英雄・秋葉雅章・宮本守・山田正・吉川秀夫　二〇〇六　ダム流域における洪水流出特性から可能となる新しい放流方法の提案　土木学会論文集B　六二（一）：二七―四〇頁

吉見和紘・岡部真人・山田正　二〇一二　利根川上流域における降雨パターンの違いが流出現象に与える影響に関する研究　土木学会論文集G（環境）　六八（五）：二五五―二六〇頁
吉見和紘・山田正　二〇一四　鉛直浸透機構を考慮した流出計算手法の長短期流出解析への適用　水工学論文集　第五八巻：三六七―三七二頁

豪雨時に森林が水流出に及ぼす影響をどう評価するか

谷　誠

災害対策の決定権と降雨流出における因果関係

二〇一一年三月一一日の東日本大震災を挙げるまでもなく、地球上の気候や地殻活動には大きな変動がともない、これが災害を生み出す基盤的な原因になる。対策が続けられてきたわけであるが、被害を皆無にすることまではできないし、なされるがまま膨大な被害を受けてあきらめるわけにもいかない。災害防止対策の方針・規模を、誰が何を根拠に決めればよいのだろうか。河川災害の場合は、源流から河口まで相互に関係し合うため、利害関係が対立することが多く、その調整が困難をきわめる。

村の用水路の小規模な泥上げ程度であれば、経費・規模は「寄り合い」で決めることが可能だろう。しかし、大河川の治水工事などの災害防止対策の場合は、その決定権は河川を管理する専門組織に委任される場合が多い。規模が大きいからやむを得ないと考えるところに大きな落とし穴が潜んでいる。いかに難しくても、決定権を利害関係者自身が保持する「寄り合い」に照応する合意形成のステップが、決定的に重要だと筆者は考える（谷、二〇一一）。そのためには、利害関係や対策効果にかかわる因果関係が理解されていなければならない。本稿では、前半で山地源流域での降雨流出にかかわる因果関係の自然科学的な部分について、後半では人間による森林利用の影響を考えてみたい。

さて、河川流量は集水域での雨の降り方によって当然変わるので、降雨に対する流出応答の因果関係が当然存在する。しかし、その応答は、降雨条件だけで決まるわけではなく、集水域が急な山なのか、緩やかな丘なのかといった地形条件、森林なのか草山なのかといった植生条件など、流域状態の影響も受けるだろう。だからこそ、緑のダムの役割が期待されたり、ダムと比較されたりするわけである。また、降雨以外の気象条件の違い、たとえば、気温の高い夏と低い冬の違いもまた、流量に影響を及ぼす。降雨流出応答にかかわる因果関係を明らかにすることは、言うまでもなく、地球科学の中の一分野である水文学の最も重要なテーマである。そこでまず、降雨に対する流出応答とそれにかかわるメカニズムについて知見をまとめるところから、考察を始めよう。

山地源流域の雨水の流出メカニズム

まずは、森林でおおわれた山地という、日本ではありふれた源流域での流出メカニズムの特徴を説明しよう。雨水はまず樹木の葉に付着するが、残りは地面に落ちる。葉に付着してそのまま蒸発する雨水の量、すなわち遮断蒸発量は、年間では二〇〇～四〇〇ミリ程度あり、一五〇〇ミリくらいの年降水量に比して無視できない。日射が必要な光合成にともなう蒸発である蒸散と違い遮断蒸発は夜にも多いのであるが、これは背が高く凹凸の大きい森林の物理的構造のためであり（鈴木、一九九二）、森林の水消費が多い原因になっている。

地面に落ちた残りの雨水は、ほとんど地中に入る。土壌に入った雨水は鉛直下向きに浸透していき、土壌が乾いていると水の入っていない間隙（土粒子のすきま）に吸収される。そのうち比較的大きな間隙に入った水は、ゆっくり下に流れ、基底流量の一部になる。基底流量とは、無降雨平常時のゆっくりした時間変化をする流れをいい、降雨によって速やかに増加減少する洪水流量と区別される。しかし、細かい間隙に入った水は、重力では流れ出せず、植物の光合成にともなう蒸散によってしか除去できない。これは、洗濯機で脱水したタオルがぬれているのに干したら乾くのと同じで、重力による流出で排除できないような水でも、熱エネルギーをかければ蒸発して除去されるわけである。土壌間隙の大きさの違いが、雨水のゆくえ、すなわち大気に帰るか、河川へ流出するかを定めていることを、まず理解していただきたい。

雨が降りつづくと土壌層の全体が湿潤になるのだが、さらにその下には基盤岩の風化した部分、つまり岩石なのに水を含む間隙があることが多い。土壌の粒子は基盤岩が風化してつくられるので、土粒子予備軍とでもいうべきすきまのある岩が存在するわけである。この風化した基盤岩にも雨水は浸透するのだが、浸透能力は深くなるほど低くなるので、浸透できない水がたまってくる。運動場のように平らなら、地面にあふれて水たまりになるほかはないが、山腹斜面であれば、傾斜方向に流れが向くようになる。

以上のように、土壌は雨水の鉛直方向への浸透によって湿潤になっていくのだが、ここで、土壌の中の水（地中水という）を構成する土壌水と地下水の性質・役割を、厳密に区別することが非常に重要である。先ほどぬれたタオルのことを書いたが、乾いたタオルの端を水につけるとタオルがぬれていくように土壌も水を吸いこむ性質があり、吸いこまれた水を土壌水と呼ぶ。しかし、逆に水を押し出す性質をもつのが地下水である。井戸にたまっている水はその地下水が押し出されたものであり、井戸の水面の高さ（地下水面という）の上側に土壌水があり、下側に地下水があるわけである。

山腹斜面の土壌層においても、地下水面より上の土壌水は、ぬれた感じであっても地下水面のごく近くだけが飽和していて、その上方は飽和していない。一方、地下水面よりも下の地下水はどこでも飽和している。土壌水は不飽和の部分はもちろん、飽和している部分でさえ、水が吸いこまれているので、たとえ土壌内に大きな間隙があってもそこへ押し出されることはなく、吸引力と重力との合計値の小さい方向へごくごくゆっくり動いていく。一方、地下水は大きな間隙にも押し出されて比較的速やかに流れ、最終的に集合して渓流へ出てくるわけである。

以上をまとめると、鉛直方向に浸透してきた土壌水は、ある深さで地下水となり、傾斜方向へ向きを変えて合流しながら移動して、最終的に渓流に達する。しかし、このような順序で流出する水の経路は

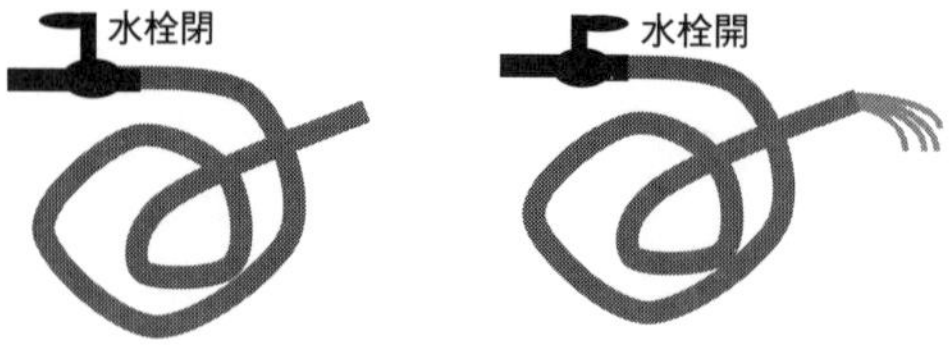

図4-1　貯留量の変動がない場合の水圧の伝わり方
ホースの中があらかじめ水で満たされている場合、
水栓を開くと、ホースが長く曲がりくねっていても、
ホースの中を水圧が瞬間的に伝わって水が出る。

一つではない。浸透能力は深くなるほど低くなり、少なくとも土壌と基盤岩の間には、浸透能力にかなりの差が存在する。洪水流と基底流の区別は、このような複数の経路から生まれるのである。単純に表面流が洪水流を、地中流が基底流を生み出すのではないこと、これは十分理解していただきたい。

水圧の伝わり方における貯留量変動の役割

こうした土壌水と地下水の動きに加え、理解しなければならない重要なポイントがある。それは、水が動くことと水圧が伝わることの区別である。

水道の蛇口に長いホースをつないで庭に水まきをする**図4-1**の説明から始めよう。ホースの中が空の場合、蛇口を開いてもホースが水で満たされるまでは、先から水は出てこない。しかし、あらかじめ水で満たされている場合は、蛇口を開くと、瞬間的にホース先から水が飛び出す。水道管にあった水はホースの中に移動し、ホースの中の水が押し出されるわけであるが、ホースが長くても曲がりくねっていても、さらには、

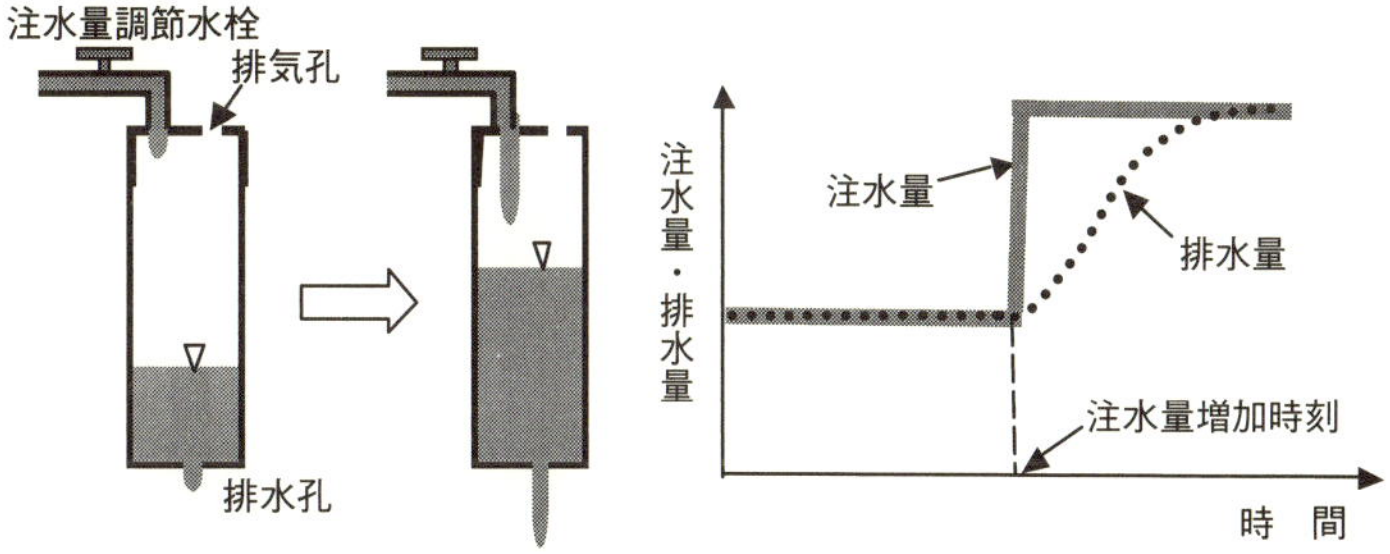

図4-2　貯留量の変動がある場合の水圧の伝わり方
一定の注水量が供給されているとし、その注水量を増加したときの排水量は、貯留量の増加をともなうため、遅れて増加する。

途中に断面の細い部分があったとしても、水圧は瞬間的に伝わることに注意したい。

次に、水道の蛇口に排水孔と排気孔のついたタンクがつながっている**図4-2**によって、貯留変動のある場合の水圧の伝わり方を説明する（谷、二〇一三a）。

蛇口から一定の流量で注水されていると、タンクの水位は排水孔から同じ流量が排水されるようになって最終的に変動しなくなる。それは水位が排水量の二乗に比例する物理法則があり、その水位で注水と排水が釣り合って定常状態に達するからである。

さて、蛇口をさらに開いて注水量を大きくしてやると、タンクの水位が上がり、同時に、排水孔からの排水量も増加してゆく。そして、より高い水位をもつ新たな定常状態に到達する。先に示したホースが水で満たされている場合と異なり、蛇口からの水量を増加させても瞬間的に排水孔からの排水量が同じ値になるわけではなく、遅れが生じている。これは、タンクの水位上昇にともなって貯留量が変化（増加）するからである。水位すなわち貯留量と排水孔からの排水量がいつも一定関係を保ち変動する、こうしたタンクのようなシステムは、準定常システムと呼ばれる（谷、二〇一三b）。

土壌層の中での水圧の伝わり方

さて、斜面の土壌層でも、一定の降雨を長く与えると定常状態になって流量が一定になる。実際、そうした実験が米国のオレゴン州の急斜面で行われた（Anderson *et al.*, 1997）。人工降雨で与えられた水の一部は風化基盤岩に浸透しつづけたとはいえ、残りの水は、土壌層と風化基盤岩の間のパイプ状の水みちを通る速い流れによって排水されつづけ、三日ほどで一定の流量に到達し、定常状態になった。このように、野外の水の流れはきわめて複雑であるのに、土壌層が準定常システムの性質をもつ。従来、タンクモデル（菅原、一九七二）や貯留関数法（木村、一九六一）などという単純なタンク型の流出モデルで洪水流量が再現計算されてきたが、水圧を伝える準定常システムによって洪水流変動が表されるところに明確な科学的根拠が存在するのである。

次に、自然降雨による洪水流出の例を見てみよう（谷、二〇一二a）。**図4-3**は、森林総合研究所関西支所で観測された、岡山県にある竜ノ口山試験地の二つの小流域、北谷と南谷の総雨量三七五ミリの台風時の流出量を示している。流域が十分湿潤になった降雨期間の後半では、降雨量と流出量がほとんど同じ量になっているので、準定常システムとして降雨量から流出量をうまくシミュレーションすることができる。なお、**図4-2**に示すような実際のタンクでは、貯留水位が排水量の二乗に比例するが、

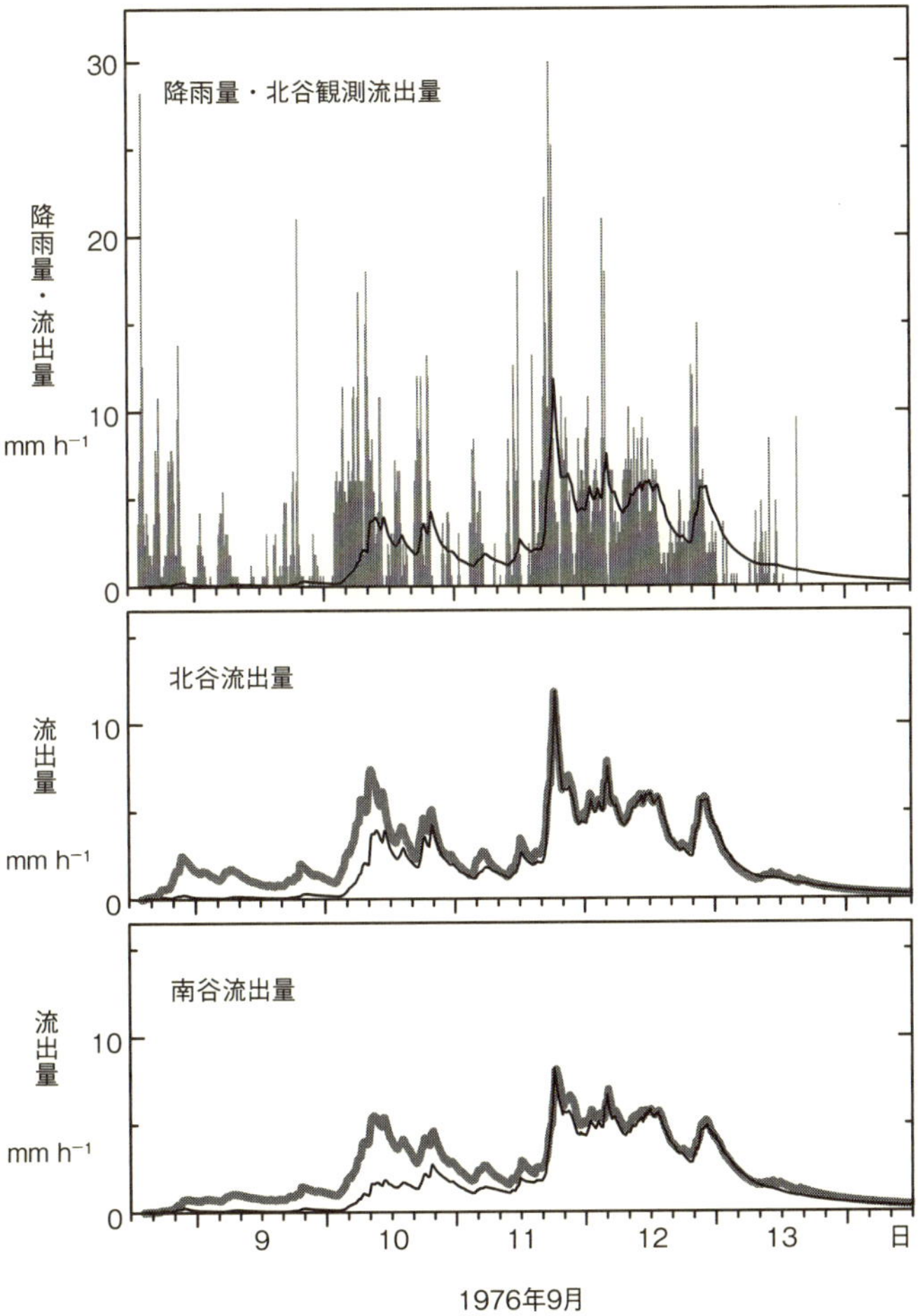

図4-3 森林総合研究所の竜ノ口山試験地の隣接する2つの小流域、北谷（17.3ha）と南谷（22.6ha）における台風時の洪水流出量の観測値と準定常システムによる計算値の比較
上図：降雨量（10分間の降雨量を1時間強度に換算して棒グラフで表示）と北谷の観測流出量（—）、中図：北谷の観測流出量（—：上図と同じ）と計算流出量（▬）、下図：南谷の観測流出量（—）と計算流出量（▬）。流出量は降雨量の時間変動をなだらかにならした変動をしていること、北谷よりも南谷の流出量がよりなだらかになっていること、準定常システムによる計算結果が観測流出量をよく再現していることがわかる。

貯留量が流出量の〇・三乗に比例するようにしないと観測結果が再現できなかった点は異なっている。しかし、準定常システムであることは、いずれの場合も変わりはない。北谷とくらべ南谷は流出量のピークが低く、変動が緩やかであるが、これは、流出量の変化に対する貯留量の変化が北谷よりも南谷のほうが大きいことにもとづく。先のタンクの例では、排水孔が小さい場合に相当し、注水量変化による貯留水位の変動が大きく、排水量変化に大きな遅れが生じることと対応するわけである。

洪水流出が準定常システムで表されることを説明したが、具体的には、土壌物理学の理論で説明できる次のようなメカニズムがかかわっている。降雨が十分続いて土壌が湿潤になっていたと仮定する。降雨がさらに強くなったとすると、単位時間に雨水を鉛直に浸透させる量が増えるような変化が土壌内に生じる。土壌が水で飽和していない場合は、土壌の間隙内の水分量がわずかに増加して水の通りみちが拡大し、その部分が徐々に鉛直下方に伝わっていくような変化が起こる。また、降雨が弱くなったり、止んだりすると、水の通りみちは小さくてすむので、土壌水分量は低下する。つまり不飽和土壌では、**図4-1**のホースと異なり、**図4-2**のタンクと同じように貯留量変動が生じ、土壌内の水が増えたり減ったりすることになる。この貯留量変動が、降雨強度の変動に対する流出量変動に遅れをもたらし、**図4-3**に見られるように、降雨強度の激しい変動がならされてくるのである。貯留量変動による遅れは、斜面方向への地下水流によってももちろん生じるが、「意外に」降雨強度変動をならす効果は小さいのではないかと、筆者は考えている（谷、二〇一三b）。

その理由は、地下水は水を押し出す性質があるので、どんな大きな間隙にも入っていき、速やかに流れる傾向が強いことにもとづく。先述した米国における人工降雨実験でも実証されたことなのだが、斜面方向の流れはパイプ状の水みちを通り、高速になる場合がある。そうなると、排水能力が増大して地下水面上昇による地下水流の体積増加が抑制される。**図4-1**や**図4-2**で説明したように、貯留体積が大きくなってこそ遅れが生じる。貯留増加が抑制されると、降雨強度をならす効果は発揮されないのである。

以上の説明により、降雨が強くなったり弱くなったりする変動は土壌の不飽和部分で受け止められ、そこでの土壌間隙内の水分量の変動がまず生じ、鉛直浸透を通じて降雨強度の変動が地下水面の変動に伝わって、最後に渓流の流出量変動を引き起こすことが理解できよう。**図4-3**は、準定常システムで降雨から流出へ伝わる変動がよく再現されている結果を示すが、水圧が伝わっていくことにより、また、そのプロセスで、**図4-1**のようではなく、**図4-2**のような貯留量変動を起こすことによって、降雨から流出への時間変動がならされるわけである。

今後、現場での詳細な観測の必要性はあるが、現時点でも、斜面の地形や土壌の比較的単純な条件では、水圧がどの程度遅れてピーク流量を低下させられるかの予測は可能である（Tani, 2013）。つまり、降雨条件が同じであっても、ピーク流量の低下は、斜面の勾配、長さ、形状などの地形条件や土壌の厚さ、構造、物理性（砂質か粘土質かといった性質）などの土壌条件によって変化する。なかでも、当然ではあるが、土壌の厚さは重要な要因になっている。土壌の存在、しかもそれが厚いことが、遅れを大きくして洪水流量のピークを低下させるうえでたいへん重要なのである。

大規模豪雨における地中流の重要性

洪水流に対して、表面流と地中流のどちらが重要なのか、その重要性は降雨規模によってどのように変化するのかは、水文学における古典的かつ今日的な重要課題である（恩田編、二〇〇八）。筆者は、これについての答えは短期の水流出過程だけの知見から出すことができず、数百年の長期にわたる土壌層の発達プロセスから理解せざるを得ないと考えている。ここでは、その概念的な説明をしておきたい。

土壌内の水移動に関するシミュレーション（Freeze, 1972）によると、一〜二メートル程度の厚さをもつ土壌内を斜面方向に流下させられる流量の最大値はそれほど大きくはなく、中小降雨時の流量であっても容易に飽和してあふれ、飽和表面流が発生する。この結果が、TOPMODEL（Beven & Kirkby, 1979）など、多くの流出モデルで、洪水流が飽和表面流によると考える根拠となってきた。しかし、この表面流主体の考え方は、日本のような地殻変動帯の山地における土壌層の発達や侵食・山崩れの繰り返しの事実からみて、非常に疑わしい。

日本の山地では、一年に〇・一〜一ミリ程度の山体隆起があり、降雨による侵食力にさらされている（梅田ら、二〇〇五）。実際に、数千年以内の時間スケールで山崩れが発生し、土壌そのものが河川下流へ移動していることがわかっている（Matsushi & Matsuzaki, 2010）。一万年を単位とする長い時間スケールでみたとき、日本の土壌層は新しくつくられては流されているのである。しかし、より短い時間スケールでみると、山崩れが発生するまでは土壌層が厚く発達していくこと、これも確かである。山崩れが起こったとしても、その後に再び厚い土壌が自然に発達するのであり（Shimokawa, 1984）、強い侵食外力に耐えるメカニズムが土壌層の発達を支えているのである。最近の研究（北原、二〇一〇）では、樹木の根は、風化基盤岩からの土壌のすべりを止めるだけではなく、互いにからみ合うことによって土壌を崩れにくくする役割をも果たしていることがわかってきた。また、水の集まりやすい山ひだのような地形では、地下水面の上昇・表面流の発生を抑制する、パイプ状の水みちなどによる効率的な排水構造（北原、一九九六）が山崩れを回避する働きをもつ。実際、降雨規模が大きくなっても表面流が拡大するのではなく、土壌にたまっていた地中水が洪水流として流出するとの観測結果も得られている（五味ら、二〇〇八）。しかし、もしパイプなどのない均質な土壌であったとすると、先に述べたように、飽和表面流が広く発生してしまい、土壌層は侵食され、崩れてしまって発達できないのである。結局のところ、大規模な豪雨であっても、地中流が大きなウエートを占めるという結論になる（谷、二〇一三b）。山で雨があると確かに表面流が目撃されるが、それはまさしく「氷山の一角」なのである。

森林利用の影響と森林管理の意義

これまでの説明をもとに、人間による森林利用が流出に与える影響を次に考察したい。

人間のいなかった太古、日本の源流域はおおむね原生林でおおわれていたが、そのときでも、降雨時には、現在と同様、洪水流が生じていた。しかし、人間が現れ、住宅・煮炊き用の木材の伐採、肥料に用いる落葉採取を行ったため、物質循環が貧弱になって土壌がやせ、成熟林から背の低い里山林に移行していった。花崗岩などの砂質で侵食されやすい立地条件では、土壌層すべてが失われたハゲ山にまで荒廃し、毎年土砂が大量に流出する状態に陥ってしまった（谷、二〇一一）。

人間によって樹木、下草、落葉層が利用されると、このようにして表面流が増加し、土壌がうすくなっていった。そうすると、土壌間隙に吸収する降雨量が減るので、降雨条件が同じでも、原生林にくらべて洪水流に配分される雨水の量が増えてしまう。また、土壌があるかぎり準定常システムは機能し、水圧を遅れて伝え洪水流出量をならす働きそのものは発揮される。しかし、人間の森林利用によって形成された里山林では原生林にくらべて、洪水流の総量とピークが大きくなったと推測され、洪水緩和機能が低下したと考えられる。

さて、人間の森林利用の影響は、下草・落葉層の減少と土壌層全体がうすくなることとして生じたであろう。下草・落葉層は、それを採取しないように管理すれば、短期に回復する。しかし、土壌層は長年月かかって一メートル以上まで発達するのであるから、ていねいな森林管理をしても目立った変化が起こりにくい。もっとも、風化基盤岩が露出したハゲ山では、斜面に客土をし、それが侵食したり崩れたりしないように植生などで保護する緑化工事がなされると、一〇〇パーセント表面流として流れた雨水が土壌内に誘導されて、洪水流量のピークが大きく低下する。その効果を、自然に土壌層が発達することから得られる効果と混同しないようにしてほしい（谷、二〇一三ａ）。

筆者は、規模の大きな豪雨時にも、土壌層の厚さがピーク流量を低下させる効果が依然として発揮されつづけることを軽視すべきではない、と考えている。土壌層の発達にかかる長期の時間にくらべて侵食喪失過程はきわめて短いだろう。たとえば、森林伐採後のシカ食害で植生がもどらない場合や伐採が大面積に及び植林されない場合は森林が再生せず、表面侵食が進むほか、伐採前の樹木の根の腐朽による緊縛力喪失が同時に進行し、土壌層全体が徐々にうすくなるだろう。せっかく客土して緑化したハゲ山などは、侵食に対する抵抗力が小さい砂質土壌であるためにうすくなる危険性が特に大きい。森林を確実に再生することが、土壌の洪水緩和機能を維持するためには不可欠である。したがって、本稿で説明してきた「山地源流域での降雨流出にかかわる自然科学的な因果関係」は、獣害防除のためのハンター養成や中山間地域の生活再生などともかかわり、次世代の社会設計の前提となる基礎知見だと考えている。

洪水緩和に関する緑のダムとダムの効果

洪水緩和は、洪水総量を減らすことと、水圧の伝わりを遅らせてピーク流量を低下させることの二つからなる。大規模豪雨の場合は、降雨のすべてが洪水になる場合があり、後者しか期待できない。これは、山地流域全体をおおう土壌層が発揮する効果であって、人工物であるダムなどで代替しようとしても、これはとうてい不可能である。なぜなら、ダムには、貯水池が満杯になる明確な限界があり、満杯になったならば流入量と流出量を一致させなければならないからである。その一方、森林管理を改善して洪水緩和機能を増加させようとした場合、短期的には森林成長にともなう蒸発散量の増加が期待できるにすぎず、大規模豪雨での洪水流出量の変動をならす効果の増進は難しい。土壌が厚くなる一〇〇年単位の時間を待つことなどできないから、下流の洪水を緩和するにはダムが選択肢の一つではあろう。ただし、大規模豪雨時の限界をていねいに説明すべきであり、いやしくもダムがあれば洪水が起こらないかのような表現は厳に慎むべきである。それは、森林整備をすれば洪水が起こらないかのごとき表現は絶対にすべきでないのと同様である。

森林のレジリエンスによる利用と環境の両立

洪水を中心に述べてきたが、森林の流出影響全般についていえば、蒸発散量効果を重視しなければならない。樹木は遮断蒸発が大きいだけでなく、深く根を伸ばして草本よりも乾燥に耐えて光合成・蒸散を続ける性質がある。したがって、成熟原生林にくらべると、定期的に伐採する人工林や頻繁に伐採を続けるような里山林は、蒸発散量を減らし流量を増やす効果があるため、水資源利用目的に有用である。瀬戸内の少雨地域では、大正年間にすでにこうした主張がなされており（山本、一九一九）、その正しさは七〇年にわたる長期観測によってすでに立証されている（谷・細田、二〇一二）。とはいえ、大規模面積の伐採は土壌層の洪水緩和機能を弱める。だから水問題を意識した森林管理では、両方のバランスをとった伐採計画を実施することが肝要なのである。

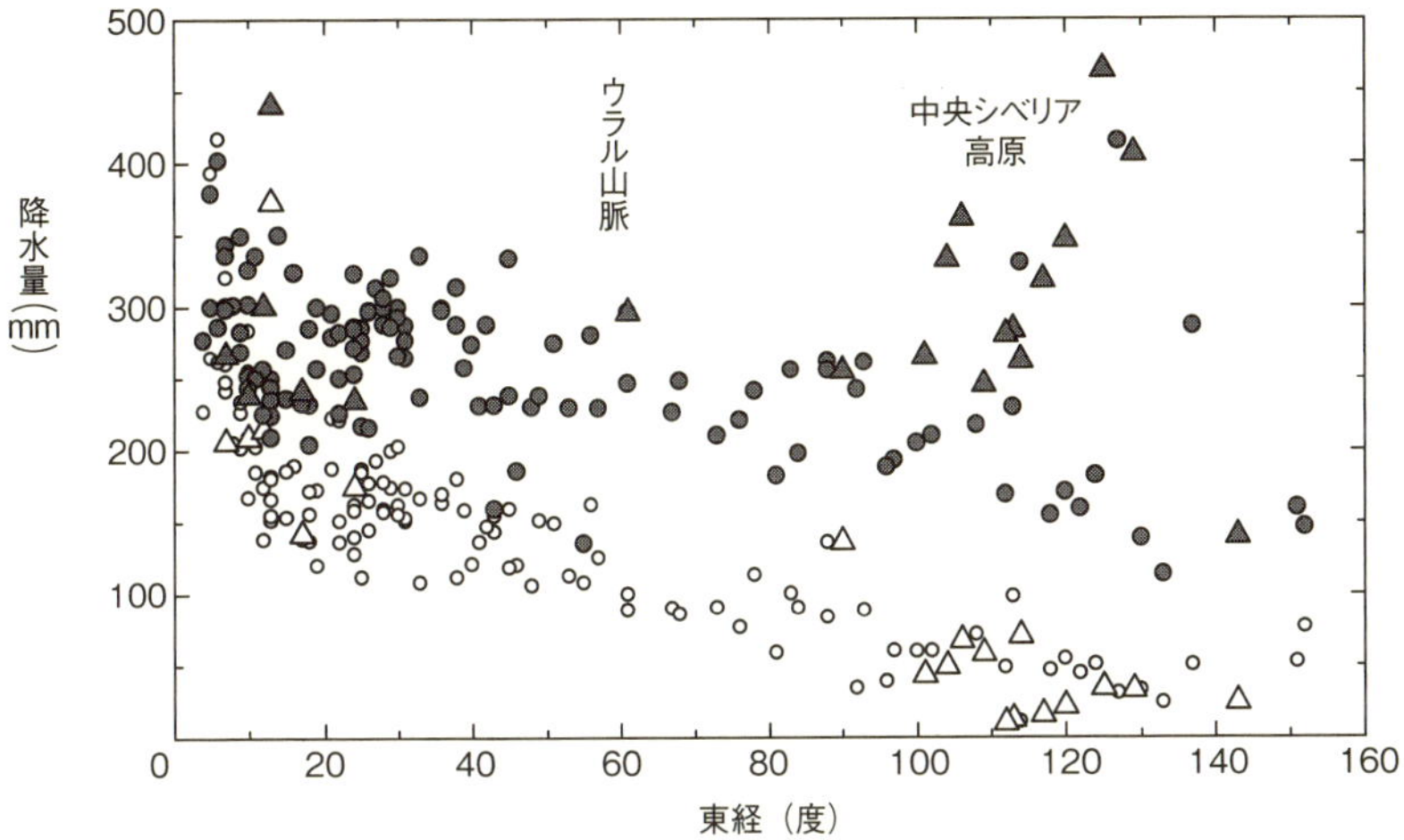

図4-4　ユーラシア大陸の北緯50～70度の範囲における、夏季（6～9月）と冬季（12～3月）の降水量分布の東経に対する関係
●は夏季、○は冬季の標高300m未満の地点を、▲は夏季の、△は冬季の標高の300m以上の地点を表す。夏季は冬季にくらべて、東に向かって降水量が低下する傾向が小さい。また、東経90度付近よりも東側のシベリア高原の標高の高い地点では、夏季のみ、降水量が大きくなる傾向がある。（気象庁HPの「気象統計情報、地球環境・気候、世界の天候、世界の地点別平年値」を用いて作成〈2014年1月10日取得〉）

このように、森林管理は、その利用計画と環境保全機能の両方を見据えなければ行えない。利用と環境の両立が難しいのは、ハゲ山を例に挙げるまでもなく今に始まったことではない。だが現代では、この課題が地球規模に拡大して人類の生存を脅かしている。日本と同じような地殻変動帯では、森林伐採は土壌をうすくすることによって水土砂災害の拡大につながる。日本の高度成長期の強度の森林伐採圧がフィリピンやインドネシアの天然林伐採によって抑止され、日本における山地災害減少に貢献したことが明らかになっている（沼本ら、一九九九）。土壌が森林伐採地から木材利用地に仮想的に

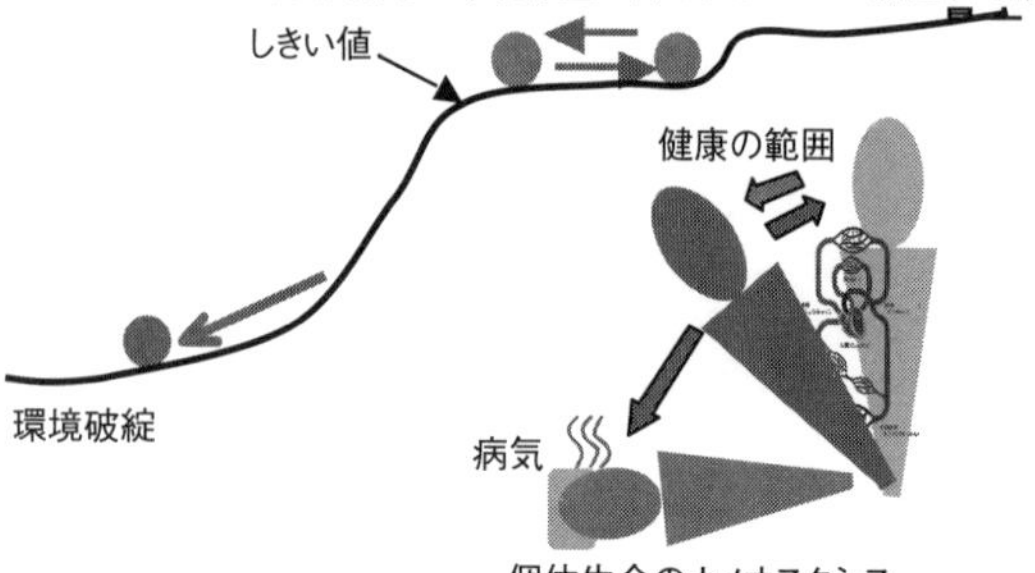

図4-5　生態系の恒常性維持作用を個体生命のホメオスタシスと対比させた概念図
生命の恒常性維持作用が個体でも生態系でも発揮されることで、変動してももとにもどる動的平衡状態が保たれる。人間による生態系の利用はこの恒常性維持作用に影響を及ぼさざるを得ないが、しきい値を超えた破綻にいたらないようにすることが、環境保全において重要と考えられる。

運搬されたような効果が生じるので、筆者はこれをバーチャルソイルと呼んでいる。

面積が大きく平らな大陸では侵食が起こりにくいにもかかわらず、森林伐採の環境への影響は逆により深刻になる。熱帯林の伐採が蒸発散の減少とそれにともなう気温上昇を通じて降雨減少にいたる影響は、アマゾンで最初に指摘された（Nobre *et al.*, 1991）。最近では、タイの熱帯林やシベリアの北方林においても、現在の湿潤気候の維持に果たす森林蒸発散の役割が理解されてきた（谷、二〇一二b）。**図4-4**は、ユーラシア北方の夏季と冬季の降水量分布を示している。大西洋から偏西風でもたらされる水蒸気は、東に向かって降水として失われてゆく。冬季はその傾向が大きいのだが、夏季は降水量の減少が小さい。そればかりか、東経九〇度より東にあるシベリア高原で降水量が増加している。地形にそう上昇気流によって降雨が増加することは、森林の安定した蒸発散によって水蒸気が大気に戻ってくるため、偏西風が乾いていない証拠だと考えられる。降水量の年々変動にかかわらず、少雨年ですら安定して大量に蒸発を行う森林のおかげで、内陸の湿潤気候が維持されているのである。

以上のように、日本のような変動帯の山岳急斜面における土壌層の安定や、シベリアのような内陸における湿潤気候といった、それぞれの地域における環境は、森林によって維持されているところが大きい。そのため、森林の伐採利用は、この環境を劣化させるおそれがある。しかし、森林を利用せずに人間は生きられないため、しきい値を超えて環境破綻に陥らないような慎重な森林利用管理が必要になるわけである。

図4-5は、そのことを表しており（谷、二〇一二b）、森林の利用を恒常性維持作用（レジリエンス：しなやかさ）の範囲に収める重要性を強調したい。もし、「緑のダム」がこのような恒常性維持作用のなかにおいて、流量変動緩和作用の一側面を表す表現であるとするならば、その量的な大きさ、かけがえのなさは、ダムなどの人工物で代替できるようなものではない。本稿の最初に掲げた、「災害対策の決定権を利害関係者自身の合意形成によって決定する」課題の実現のためには、何よりも、森林生態系のレジリエンスに関する理解が共有されなければならない、と筆者は考えるものである。

引用文献

Anderson, S. P., Dietrich, W. E., Montgomery, D. R., Torres, R., Conrad, M. E. & Loague, K. 1997. Subsurface flow paths in a steep, unchanneled catchment. *Water Resources Research*, 33: 2637-2653.

Beven, K. & Kirkby, M. J. 1979. A physically based, variable contributing area model of basin hydrology. *Hydrological Science Bulletin*, 24: 43-69.

Freeze, R. A. 1972. Role of subsurface flow in generating surface flow 2. Upstream source areas. *Water Resources Research*, 8: 1272-1283.

五味高志・恩田裕一・寺嶋智巳・水垣滋・平松晋也　二〇〇八　ヒノキ林流域と広葉樹林流域の降雨流出の違い　恩田裕一編　人工林荒廃と水・土砂流出の実態　岩波書店　七三—八五頁

木村俊晃　一九六一　貯留関数法による洪水追跡法　建設省土木研究所　二九〇頁

北原曜　一九九六　パイプ流と大孔隙に関する研究史　水利科学　二二七：八〇—一一四頁

北原曜　二〇一〇　森林根系の崩壊防止機能　水利科学　三一一：一一—三七頁

Matsushi, Y. & Matsuzaki, H. 2010. Denudation rates and threshold slope in a granitic watershed, central Japan. *Nuclear Instruments and Methods in Physics Research B*, 268: 1201-1204.

Nobre, C.A., Sellers, P.J. & Shukla, J. 1991. Amazonian deforestation and regional climate change. *Journal of Climate*, 4: 957-988.

沼本晋也・鈴木雅一・太田猛彦　一九九九　日本における最近五〇年間の土砂災害被害者数の減少傾向　砂防学会誌　五一（六）：三—一二頁

恩田裕一編　二〇〇八　人工林荒廃と水・土砂流出の実態　岩波書店　二六〇頁

Shimokawa E. 1984. A natural recovery process of vegetation on landslide scars and landslide periodicity in forested drainage basins. In: *Proceeding of Symposium on Effects of Forest Land Use on Erosion and Slope Stability*. East-West Center, University of Hawaii, Honolulu, 99-107.

菅原正巳　一九七二　流出解析法　共立出版　二五七頁

鈴木雅一　一九九二　森林地の蒸発と蒸散　塚本良則編　森林水文学　文永堂出版　五三—七八頁

谷誠　二〇一一　治山事業百年にあたってその意義を問う——森林機能の理念を基にした計画論の構築へ向けて　水利科

学　三二二：三八―五九頁
谷誠　二〇一二a　森林の保水力はなぜ大規模な豪雨時にも発揮されるのか？――その一　洪水緩和にかかわる二種の効果の区別　森林科学　六六：二六―三一頁
谷誠　二〇一二b　水循環をつうじた無機的自然・森林・人間の相互作用系　柳澤雅之・河野泰之・甲山治・神崎護編　地球圏・生命圏の潜在力――熱帯地域社会の生存基盤　京都大学学術出版会　六九―一〇五頁
谷誠　二〇一三a　森林の保水力はなぜ大規模な豪雨時にも発揮されるのか？――その二　森林の取り扱いから考える　森林科学　六七：二六―三一頁
谷誠　二〇一三b　洪水流出のモデル化を圧力伝播の観点から捉え直す　水文・水資源学会誌　二六：二四五―二五七頁
谷誠・細田育広　二〇一二　長期にわたる森林放置と植生変化が年蒸発散量に及ぼす影響　水文・水資源学会誌　二五：七一―八八頁
Tani, M. 2013. A paradigm shift in stormflow predictions for active tectonic regions with large-magnitude storms: generalisation of catchment observations by hydraulic sensitivity analysis and insight into soil-layer evolution. *Hydrology and Earth System Sciences*, 17: 4453-4470.
梅田浩司・大澤英昭・野原壯・笹尾英嗣・藤原治・浅森浩一・中司昇　二〇〇五　サイクル機構における「地質環境の長期安定性に関する研究」の概要　原子力バックエンド研究　一一：九七―一一二頁
山本徳三郎　一九一九　森林と水源　大日本山林会　一四三頁

人工林の放置、荒廃による水流出への影響と、間伐による効果

恩田裕一

わが国の森林面積の約四〇パーセントは人工林であり、そのうち半数以上がスギ・ヒノキである。言うまでもなく、人工林は材木の収穫を目的として植栽されたものであり、その意味では畑と何ら変わることがないが、収穫にかかる時間が非常に長いこと、山地に植栽されることが多いのが特徴である。わが国では、一九六〇〜一九七〇年代の拡大造林期に植栽された人工林が特に多い。そして、近年の材価の低迷や林業労働力の不足により、間伐などの管理が放棄された森林が多い。

このような森林では、立木密度が大きく、林冠が閉塞しており、林内に到達する日射量の不足により林床の植生が消失し、表面流の発生や表土の流亡が生じている。前著『緑のダム』（蔵治・保屋野編、二〇〇四）で、降雨時の流出量および流出機構や土砂の流出状況と、その機構の解明を行うプロジェクトを紹介した。このプロジェクトは、独立行政法人科学技術振興機構（ＪＳＴ）の戦略的創造研究推進

東京サイト

No	流域面積 (ha)	流域の特徴
T1	33.9	大試験流域
T2	7.8	中試験流域
T3	4.0	スギ大径木　小試験流域
T4	0.6	スギ・ヒノキ（育成林）小試験流域
T5	1.3	スギ・ヒノキ　小試験流域
T6	1.3	広葉樹　小試験流域

信州サイト

No	流域面積 (ha)	流域の特徴
N1	37.0	大試験流域
N2	25.0	ヒノキ　中試験流域
N3	3.5	ヒノキ　1969・1970年植栽　小試験流域
N4	4.7	ヒノキ　1974・1975年植栽　小試験流域
N5	0.6	カラマツ（50年生）小試験流域
N6	1.8	広葉樹（41年生）小試験流域

愛知サイト

No	流域面積 (ha)	流域の特徴
A1	5.0	ヒノキ　大試験流域
A2	7.5	広葉樹　大試験流域
A3	3.0	ヒノキ　小試験流域
A4	3.5	広葉樹　小試験流域

高知サイト

No	流域面積 (ha)	流域の特徴
K1	1,880	特大試験流域
K2	45.3	広葉樹　中試験流域
K3	4.9	広葉樹　小試験流域
K4	2.4	スギ一斉林　小試験流域
K5	55.7	ヒノキ　大試験流域
K6	5.7	ヒノキ　小試験流域
K7	33.2	ヒノキ　中試験流域
K8	0.6	ヒノキ　小試験流域
K9	6.2	ヒノキ　小試験流域

三重サイト

No	流域面積 (ha)	流域の特徴
M1	4.9	大試験流域
M2	1.2	間伐ヒノキ林　小試験流域
M3	3.5	中試験流域
M4	0.1	ヒノキ（林床植生あり）小試験流域
M5	0.3	ヒノキ（林床裸地化）小試験流域
M8	0.2	広葉樹　小試験流域

図5-1　観測流域の概要
降雨時の流出量および流出機構や土砂の流出状況と、その機構の解明のプロジェクトで観測を行った調査地。

事業（CREST）に採択され、二〇〇三〜二〇〇八年に研究を行った。調査地は、全国五カ所（東京、信州、愛知、三重、高知）の各サイトに設定し、降雨・流出量の関係を測定した（**図5－1**）。その成果は、恩田編（二〇〇八）にとりまとめてあり、ここでは、その概要を紹介する。

人工林荒廃と水・土砂流出に関するプロジェクト

調査地の概要

調査地流域は、異なる地域に、また地質によって降雨流出の経路が異なることを仮定して、いくつかの異なる基盤岩地質に設定した。東京サイトは砂岩・泥岩を主とする秩父帯の堆積岩、信州サイトは領《りょう》家《け》帯の花崗岩、三重サイトは頁岩《けつがん》が変成した結晶片岩、愛知サイトは新第三紀堆積岩、高知サイトは砂岩・泥岩からなる四万十帯の堆積岩である。

それぞれの流域において、異なる空間スケールの観測流域を入れ子状に設定し、水流出の観測および解析を行った。それぞれの流域の中には、流出小区画（プロット）を設置するとともに、末端部に流量や土砂量などを自記測定できる水文観測施設を配置した（**写真5－1**）。これらの小流域にはヒノキやスギなどの人工林、また、広葉樹林を選んでいる。

写真5－2に代表的な森林の状況を示した。荒廃した四〇年生のヒノキ林の林床では植生や有機物層がほとんどみられず、土壌がむき出しとなった状態となっている。それに対し、間伐された流域の斜面

パーシャルフリューム（3台）

自動採水機（27台）

降雨サンプラー（7台）

斜面小プロット（19地点）

写真5-1　各サイトの観測機材の概要
パーシャルフリュームは流量を測定する装置で、大流量および土砂流出の多い渓流における水文観測に適している。

自動採水機は、プログラムにより河川水を自動的に採水（たとえば1時間ごとなど）できる。

降雨サンプラーは、雨水を時間ごとに区切ったサンプルを取得できる装置。

斜面プロットは、表面流量を測定する装置。

荒廃ヒノキ林

間伐ヒノキ林

広葉樹林

写真5-2　各サイトの林床の様子

では、シダ類が繁茂しており、有機物層が発達している。さらに広葉樹林では、低木の広葉樹や林床植生の被覆が認められる。スギ林では、スギの枝や落葉などが見られ、林床植生も生育しているところが多い。

降雨時における河川流量の増加とその水の経路

四年間に及ぶ現地調査の結果、プロットからの表面流の発生はヒノキ林からの流出がほかの樹種より多いという結果が得られた。また、渓流へと流れこむ、降雨時における流量増加は渓流水と雨水の酸素同位体比[*1]の違いを用いて「新しい水（今回の降雨によってもたらされた水）」と「古い水（降雨前から流域に貯留されていた水）」の二成分に分離することができる。

高知サイトにおいて二〇〇五年九月五〜七日に総降雨量六四六ミリメートル（気象庁アメダス大正観測地点）の非常に大きな降雨イベントを観測した。これにより、四万十川下流域の四万十市で一名の死者を出し、流域全体で三七〇世帯が床上・床下浸水の被害を受けた。そのさいの流出を、特大流域（K1）と広葉樹中流域（K2）、ヒノキ林中流域（K7）内で観測し、また、新しい水成分を分離した（**図5-2**）。広葉樹では、新しい水成分の変動は大きいものの、ヒノキ林とくらべて、新しい水成分の量は少ない。流出ピークの近傍では、ヒノキ林流域では、特に新しい水成分の寄与が大きい。

次に、高知・信州・愛知の各サイトのヒノキ林と広葉樹林流域におけるイベントピーク流出時の新しい水成分の割合を示した（**図5-3**の左側のグラフ）。各サイトで観測対象となった降雨の規模に違いがあるが、ヒノキ林流域では、広葉樹林流域とくらべると新しい水成分の割合が大きい傾向がみられた。また、総流出量に対しても同様の傾向がみられた。これらのことから、ヒノキ林流域のほうが広葉樹林流域にくらべて、表面流発生などによるクイックフロー（早い流出成分）が、洪水流量の増加を引き起こしていると予想された。

洪水流出に森林管理は影響するか

四年以上に及ぶ現地調査の結果、新しい水は、ホートン型表面流（降雨強度が浸透強度を上回ること

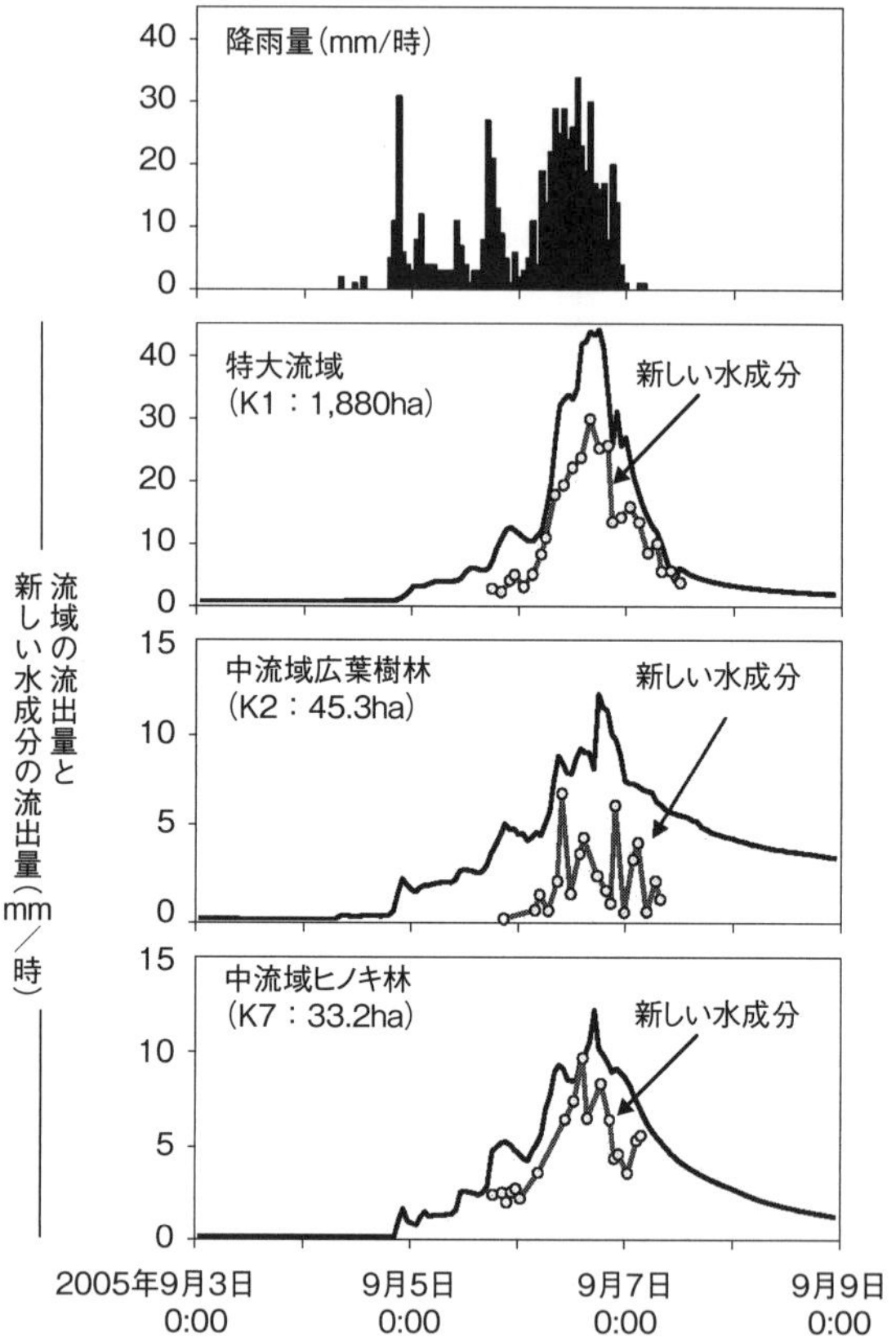

図5-2 高知サイトの2005年9月5〜7日の洪水イベントにおける新しい水成分の流出

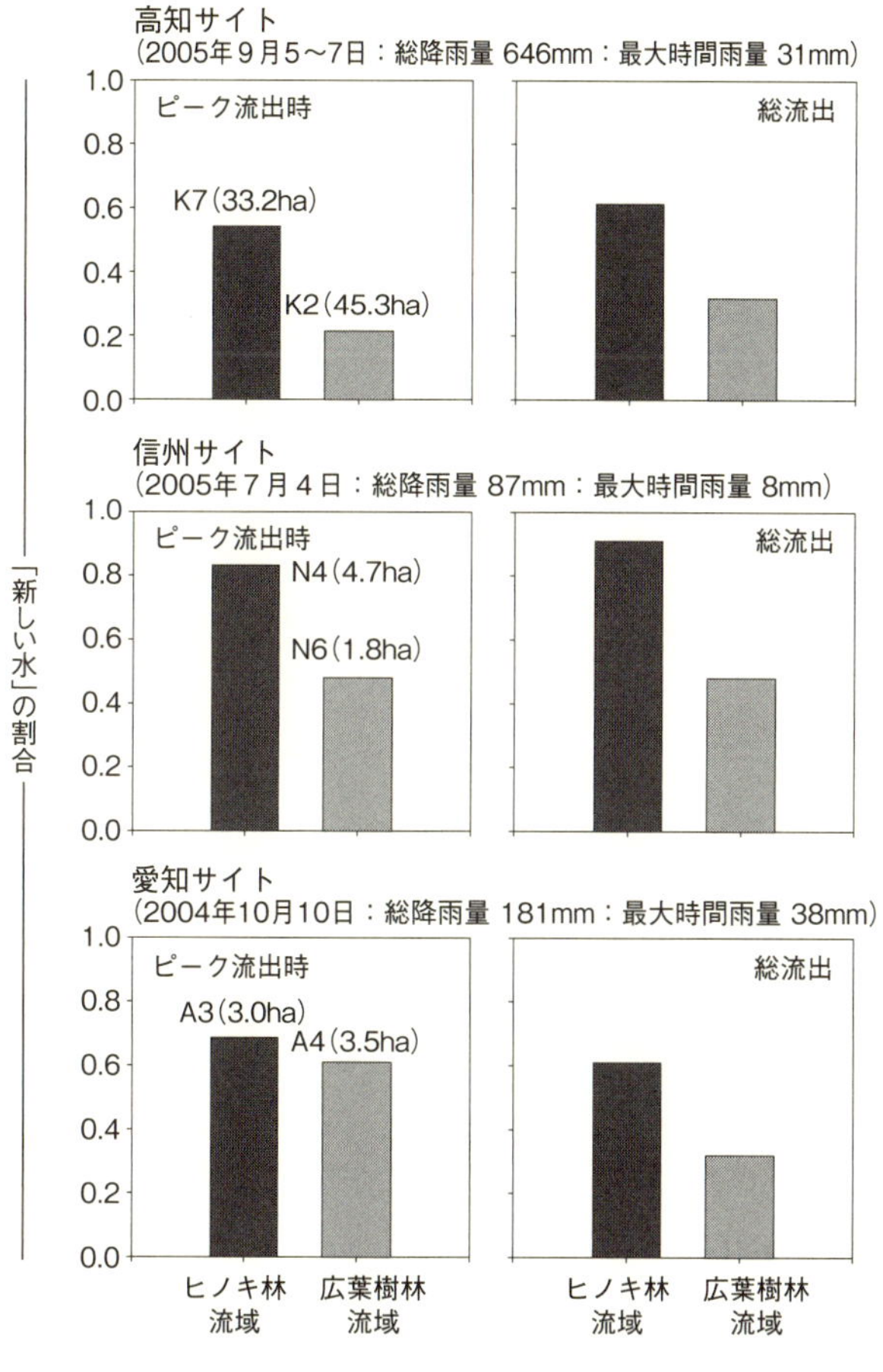

図5-3 高知・信州・愛知サイトのイベントピーク流出時と総流出時に占める新しい水成分の割合

で発生する表面流）を起こすことが多いことがわかった。また、新しい水の割合は流域面積にはあまり依存せず、流域の荒廃人工林の面積率と関連があることがわかった。データ数や降雨・流出イベントの規模は一般論として語るにはいまだ十分ではないものの、降雨イベント時では、荒廃したヒノキ人工林流域のほうが広葉樹林流域よりも表面流が多く発生するためピーク流出高が大きく、早い流出成分（ク

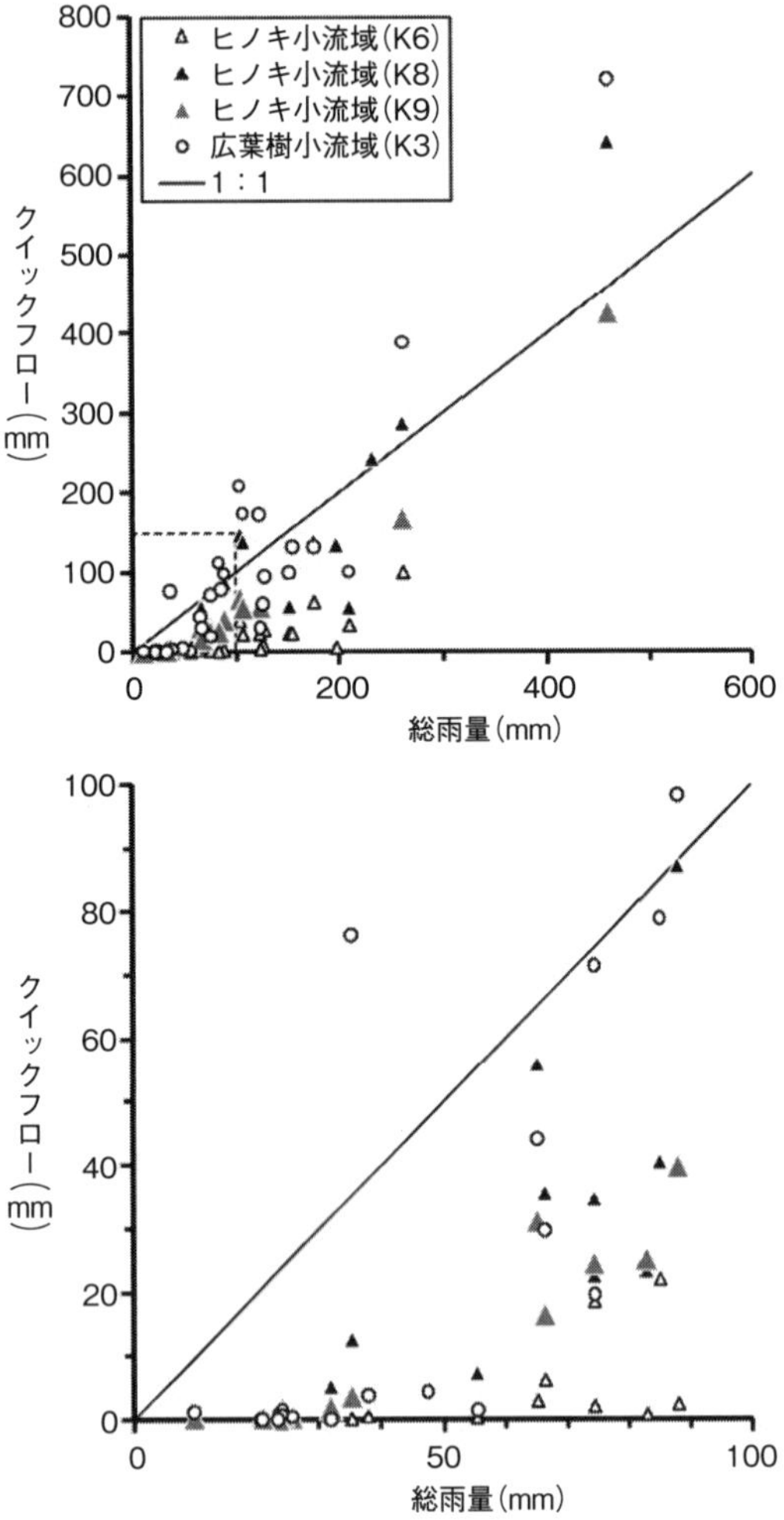

図5-4　高知サイトにおける総雨量とクイックフローの関係
下の図は、上図の点線部分を拡大した。

イックフロー）も明らかに大きかった（**図5－4**）。降雨規模が大きくなると（総雨量六五ミリメートル以上）、降雨に対するクイックフローの割合が大きくなることが認められた。この原因として、高知サイトでは土壌が湿潤になり、土壌および基盤岩からの地下水が降雨に対応してすばやく流出する傾向が顕著となってくるため、ホートン型表面流が洪水流出に及ぼす影響が相対的に小さくなる可能性が高い。このことは、**図5－4**のいくつかのデータで、降雨量よりクイックフローが多いイベント（特に広葉樹）がみられることからも、降雨規模が大きいときに過去に貯留された雨が岩盤から流出することが示唆される。

現地で浸透能を測定する方法とその応用

一般に森林土壌は浸透能が高く（村井・岩崎、一九七五）、ほとんど表面流は発生しないと考えられてきた。しかし、管理不足のヒノキ林では下層植生が消失し、雨滴衝撃によるクラスト[*2]形成により、浸透能が低下すると考えられる。このことから、雨滴衝撃を緩和する林床被覆（下層植生およびリター[*3]）は実際の浸透能と密接に関連していると考えられる。そこで、林内の雨滴衝撃力を再現し、急峻な森林斜面にも対応するように開発した散水装置（**写真5－3**）（加藤ら、二〇〇八）を用いることによって、林床被覆と浸透能の定量化を試みた。この装置は、実際の雨滴エネルギーと同様な人工降雨を一定の散水強度で与えるために、線状に散水するために開発されたフラットノズルを振動させることにより、必要な降雨エネルギーと降雨強度の両立を図った振動ノズル型の人工降雨装置である（急傾斜地用浸透能

写真5-3 振動ノズル式散水装置。左：実験プロット概況、右：ノズル部拡大写真

測定装置：特開2009-136714）。

この装置で、一メートル×一メートルの範囲に散水し、プロットからの表面流出水量を計測し、散水強度と流出量の差分から単位時間当たりに浸透する水高（浸透強度）を算出した。浸透強度は時間の経過とともに一定の値に近づき、この一定となった浸透強度を最終浸透能という。単に浸透能という場合、多くはこの最終浸透能を指している。

最終浸透能は、降雨強度が大きくなるにしたがって高くなることが指摘されている（村井・岩崎、一九七五：Hawkins, 1982）。降雨強度が増大するにしたがって一定の値（最大最終浸透能）に漸近することを示しており、最大最終浸透能を地表面全体の平均浸透能として用いた研究例もある（恩田編、二〇〇八：平岡ら、二〇一〇：小松ら、二〇一四）。ここでは、降雨強度一八〇ミリメートル／時散水をした場合の浸透能を示す。

浸透能測定は、三重サイトにおいて被覆状態の異なる

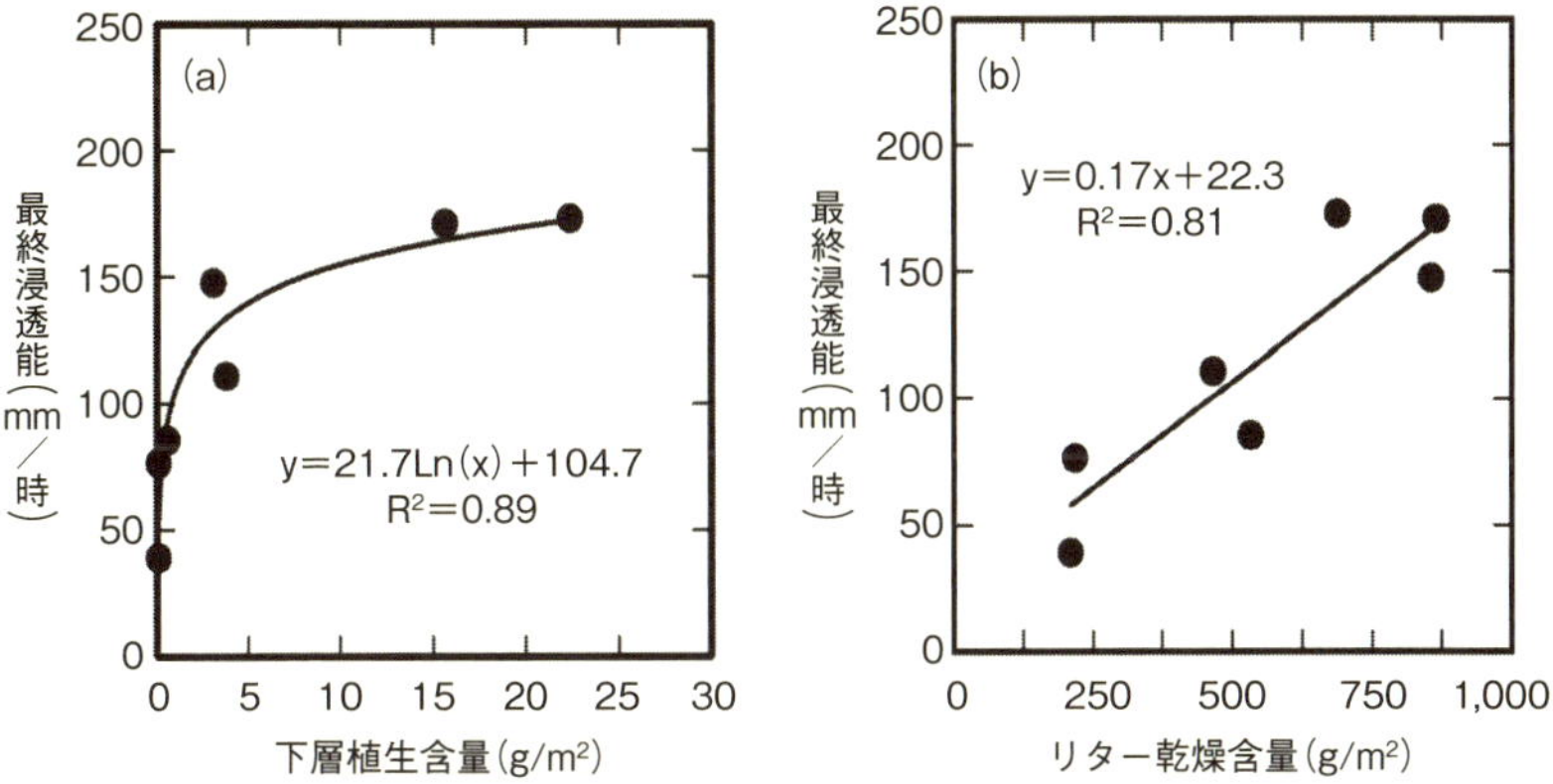

図5-5 180mm/時の散水強度における下層植生乾燥重量およびリター乾燥重量と最終浸透能の関係（加藤ら、2008）

七地点において行った。斜面傾斜などの林床被覆以外の条件がほぼ同じとなるように測定プロットを設置した。下層植生は地表面から地上高五〇センチメートルの範囲に生育する木本および草本類、リターは落葉・落枝、および有機物層を合わせたものとした。プロット内の下層植生およびリターは浸透能測定後に回収し、乾燥重量を測定した。

各プロットにおいて、一八〇ミリメートル／時の降雨強度を与えた場合の、最終浸透能と林床被覆の関係を**図5-5**に示す（加藤ら、二〇〇八）。最終浸透能は下層植生量および林床被覆量に対して、それぞれ強い正の相関を示した。これは、林床を被覆する面積が大きいほどクラスト形成を抑止する効果が高いためであると考えられる。すなわち、地表をリターや下層植生で覆うことで浸透能を上昇させ、降雨時の表面流発生率を下げることが可能である。

このデータを用い、林床被覆による浸透能の推定を行い、表面流量を予測するモデルを開発したところ、実測値とよい一致をみた（五味ら、二〇一三）。したがって、表面流の発生を防ぐためには、下層植生を繁茂させ、リターを堆積させることが必要である。

地表面に下層植生を回復させ、リターを堆積させるためには、間伐によって林床を明るくする必要がある。そのためには、林内の相対照度[*4]を少なくとも一〇パーセント以上、理想的には二〇パーセント以上増加させる必要があるとされる（**図5-6**）（野々田、二〇〇八）。

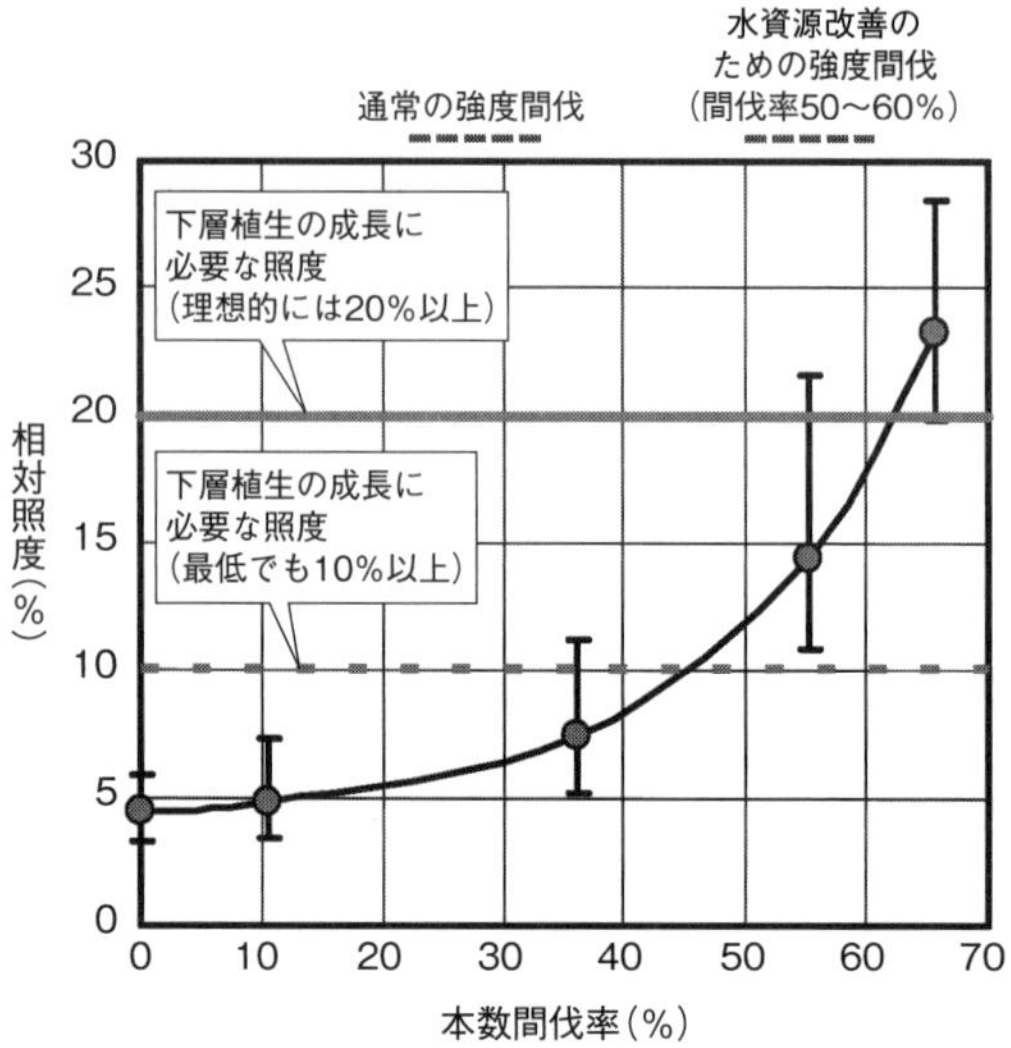

図5-6　本数間伐率と相対照度の関係

このような光環境をもたらすためには、材積間伐率で四〇〜五〇パーセント前後（本数間伐率では五〇〜六〇パーセント前後）の間伐が必要となる。また、従来の間伐は「強度」といわれているものでも三〇パーセント程度であることが多く、この程度の間伐では、下層植生の回復による浸透能の上昇は見こめないことが明らかとなった。

人工降雨装置を用いた広域調査は、森林環境税の検証として、山口県農林水産部森林企画課（二〇〇〇八)、石川県(二〇一二)、林野庁(二〇一三)、小松ら(二〇一四)で用いられており、さまざまな樹種における森林管理と浸透能の関連について、多くのデータが得られつつある。森林の緑のダムのうち、水を浸透させる能力のデータ集積および検証が進みつつある。さらには、南光ら(二〇一〇)によって、三重県の間伐にともなう水土保全機能に関する試算をベースにした便益便宜計算も行われている。

上記のような浸透能を介した解析は、ゲリラ豪雨のような、短期的な豪雨には有効であるものの、長雨のさいには地下水流出の寄与の影響を受け、人工林の管理による影響はあまりみられなかった。したがって、治水の観点においては、降雨流出は降雨パターンや地質条件との関連があることが想定されるため、森林管理を実際に治水対策に組みこむさいは、さらなる現地データの取得により、地域によって間伐が表面流出減少にどの程度の効果があるのかについての確認を行いつつ、現地に応用していくことが肝要であろう。

間伐による水源涵養機能を調査する

上述のように、荒廃ヒノキ林に対し本数間伐率五〇~六〇パーセントの強度な間伐を行うことで、林床の地表面が下層植生で被覆され、浸透能が上昇するために、表面流発生の危険性が減少し、地下水涵養量が増加する(理水効果がある)ことが明らかになった。これに加え、近年、間伐を行うことにより、降雨の樹冠遮断が減少すること、すなわち地下水涵養量が増加することが、明らかになってきている

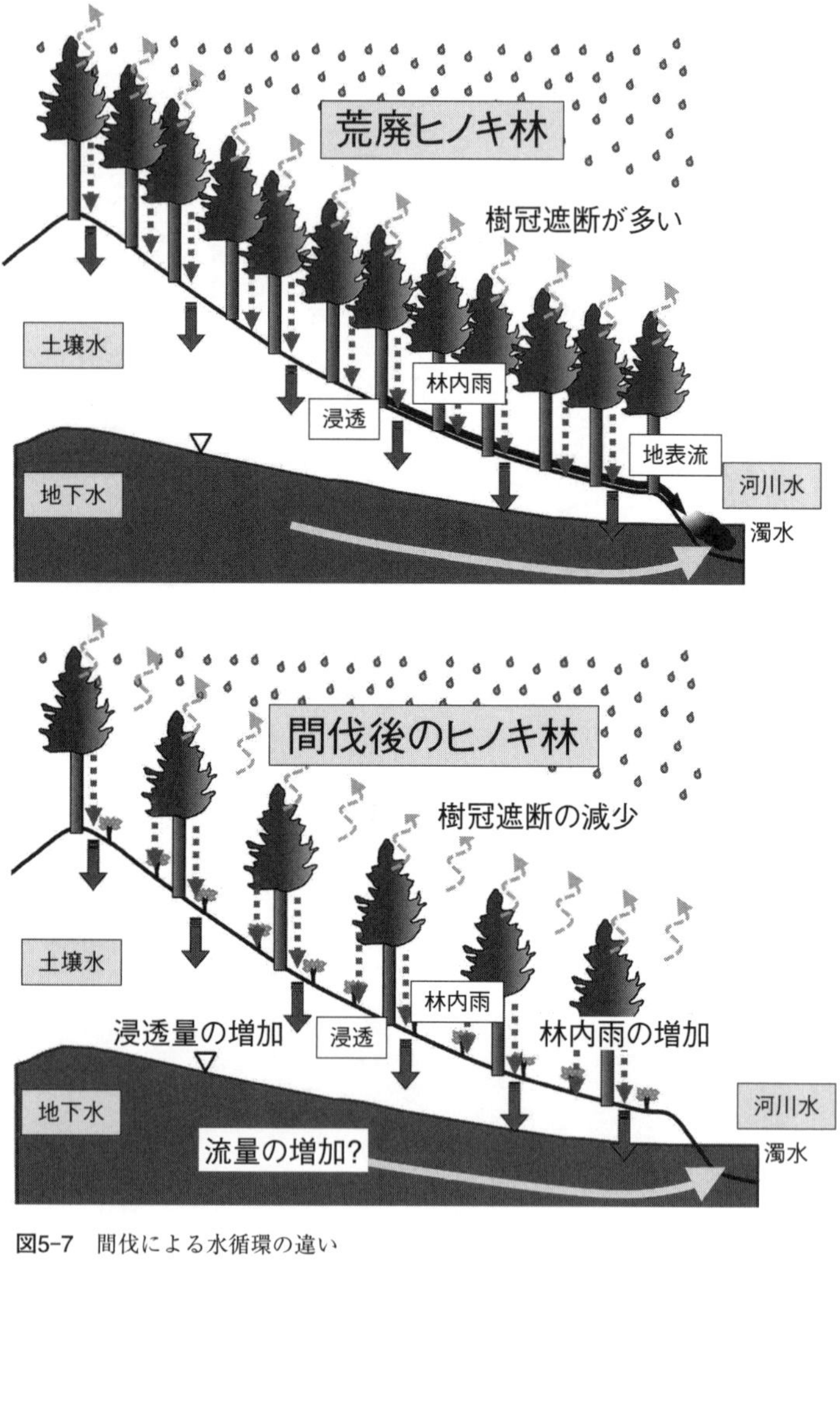

図5-7　間伐による水循環の違い

（図5−7）。しかしながら、現在のところ、五〇～六〇パーセントの強度間伐による地下水涵養量の増加について、実証的に研究している例はない。もし、荒廃人工林を適切に管理すれば、地下水涵養量を増加させるとともに、濁水などを減少させ水質の向上が望める。

そこで、我々は、荒廃人工林管理により森林の理水機能の向上について定量化するために、新たなプロジェクトを計画した。このプロジェクト計画は、二〇〇九～二〇一四年の期間にJSTのCRESTの新規事業「荒廃人工林の管理により流量増加と河川環境の改善を図る革新的な技術の開発」として採択された。このプロジェクトでは、五〇～六〇パーセントの強度間伐により、下層植生の被覆の回復を図ることによって、森林からの急激な水・土砂流出を減少させるとともに、樹冠遮断による水のロスを低下させ、林内に降雨が入ることにより、地下水涵養量の増加が見こまれる。それにより、渇水期の水問題を解決する可能性の高い画期的な国土管理の技術開発が可能となるであろう。

研究対象地は、間伐前の流量データが蓄積されているCRESTの四つの試験流域のうち、愛知、三重、高知の継続観測に加え、栃木県佐野市の東京農工大学フィールドミュージアム唐沢山、福岡県の九州大学演習林の全国五地点に設定した。研究期間前半に未間伐の状態で水・土砂流出を測定し、その後間伐し、人工林の管理による地下水涵養量、間伐による渓流水の流出量の変化、流動経路の変化を分析する。また、土壌侵食量と林床植生による被度をモニタリングし、間伐による植生回復と水・土砂流出量の関係を明らかにする。

以上の現地データをもとに、間伐前後の水循環モデルを構築する。また、森林状態把握モデルにより間伐を含んだ森林の管理方法とリモートセンシング手法による森林の状態の広域把握法を開発する。それらのデータは、分布型の水・土砂流出モデルに入力するとともに、それぞれのモデルとの比較検討を行うことを目的としており、森林の管理による森林の利水機能の定量的な解明が期待される。このプロジェクトの詳細・進行状況は、「荒廃人工林の管理により流量増加と河川環境の改善を図る革新的な技術の開発」ホームページを参照されたい。

＊1——**酸素同位体**　酸素には、主なもので、^{16}O、^{17}O、^{18}Oなどの同位体が存在する。それぞれが水分子を形成しているがその重さの違いにより、水分子中の酸素同位体比の季節変化、時間変化が起こる。

＊2——**クラスト**　土壌クラストともいう。雨滴のエネルギーにより、土壌の表面が圧密され、土壌の団粒構造が破壊されるために表面の浸透性が減少することをいう。降雨中の状況を土壌シールといい、降雨後、乾いた状況をクラストと表現するケースが多い。

＊3——**リター**　森林内においては、落葉・落枝などが地表に落下し分解する前の原型をとどめたものをいう。

＊4——**相対照度**　森林外の照度と森林内の照度の比。一般的には、曇天時に、森林外・森林内の照度を同時に測定することにより求められる。

引用文献

五味高志・宮田秀介・Sidle, Roy C.・小杉賢一朗・恩田裕一・平岡真合乃・古市剛久　二〇一三　分布型流出モデルを用いたヒノキ人工林流域における地表流の発生と降雨流出解析　日本森林学会誌　九五（一）：二三—三一頁

Hawkins, R.H. 1982. Interpretations of source area variability in rainfall-runoff relations. *Agricultural Experiment Station* (*Project 696*) *Journal*, 2652.

平岡真合乃・恩田裕一・加藤弘亮・水垣滋・五味高志・南光一樹　二〇一〇　ヒノキ人工林における浸透能に対する下層植生の影響　日本森林学会誌　九二（三）：一四五―一五〇頁
石川県　二〇一一　平成二三年度第一回いしかわ森林環境基金評価委員会　資料
http://www.pref.ishikawa.jp/shinrin/zei/download/stack/H23_hyouka1_siryo.pdf（二〇一四年二月一六日取得）
加藤弘亮・恩田裕一・伊藤俊・南光一樹　二〇〇八　振動ノズル式降雨実験装置を用いた荒廃ヒノキ人工林における浸透能の野外測定　水文・水資源学会誌　二一（六）：四三九―四四八頁
小松義隆・恩田裕一・小倉晃　二〇一四　スギおよびアテ人工林における浸透能と林床被覆および透水係数の関係　水文・水資源学会誌二七（三）：一五一―一六〇頁
荒廃人工林の管理により流量増加と河川環境の改善を図る革新的な技術の開発ホームページ
http://www.ied.tsukuba.ac.jp/hydrogeo/forest-water/index.html（二〇一四年二月一六日取得）
村井宏・岩崎勇作　一九七五　林地の水および土壌保全機能に関する研究（第一報）森林状態の差異が地表流下、浸透および侵食に及ぼす影響　林業試験場研究報告　二七四：二三―八四頁
南光一樹・恩田裕一・深田佳作・野々田稔郎・山本一清・竹中千里・平岡真合乃　二〇一〇　荒廃ヒノキ人工林の強度間伐が森林水源涵養機能に与える経済効果の試算　水文・水資源学会誌　二三（六）：四三七―四四三頁
野々田稔郎　二〇〇八　林床植生と保全に配慮した森林管理の検討――戦略的創造研究推進事業　CREST研究領域「水の循環系モデリングと利用システム」研究課題「森林荒廃が洪水、河川環境に及ぼす影響の解明とモデル化」研究終了報告書　四三―四九頁
恩田裕一編　二〇〇八　人工林荒廃と水・土砂流出の実態　岩波書店　二六〇頁
林野庁　二〇一三　平成二四年度山地保全調査（水源森林保全調査）報告書
山口県農林水産部森林企画課　二〇〇八　やまぐち森林づくり県民税関連事業評価システム報告書　山口県農林水産部森林企画課　二〇〇八年三月
http://www.pref.yamaguchi.lg.jp/cmsdata/0/0/5/005a5c064973802dae2b29adb8a23344.pdf（二〇一四年二月一六日取得）

緑のダムと水資源

沖　大幹

暮らしと文明を支えるダム貯水池

いわゆる「四大文明」が勃興したのは多雨地域に水源をもつ大陸規模の大河の河口で、しかも乾燥した地域であり、初期文明とは大規模な水管理社会そのものであった（沖、二〇一二）。**写真6―1**は四大文明の一つを継承するエジプトに今も残る高さ約一四メートルのSadd el-Kafara《サド・アル・カファラ》ダムである。紀元前二五〇〇年頃の建造と推定されていて、現存する世界最古のダムだとされる。沙漠の枯れ川（ワジ）を横断する土堤で、中央部は破壊されたままとなっている。下流には目立った集落や耕地（の痕跡）もなく、このダムが洪水防御のためだったのか、水資源確保のためであったのかは残念ながら謎とされている。

以来、人工貯水池のためのダムは世界中で造られてきたが、第二次世界大戦直後の一九五〇年頃には世界のダム貯水池の総容量は一〇〇〇立方キロメートルにも満たなかった。しかし、戦後の灌漑農地の

写真6-1　四大文明の一つを継承するエジプトに今も残る高さ約14mのSadd el-Kafara（サド・アル・カファラ）ダム

拡大や人口の増大、工業用水や発電用水の伸びにともなって世界の総貯水容量は二〇〇〇年頃には八〇〇〇立方キロメートルにまで増え、全世界の海水面を二〇ミリメートル程度押し下げていると推計されているほどとなっている（Pokhrel *et al.*, 2012）。

現在では世界の全耕地面積の約二割にすぎない灌漑耕地で世界の食料の約四割を生産しているとされ（小槻・田中、二〇一三）、食料生産には水の確保が欠かせない。日本でも畿内にはまだ無数のため池が残り、水確保のために記紀の時代から多大な努力が払われてきた歴史を偲ばせる。日本の農耕地の半分以上を水田が占め、そのほぼすべてが灌漑され、日本の安定したコメ供給を支えている。**表6−1**に示すとおり、一人当たり水資源量が平均でも年間三八六六立

表6-1　1人当たりの水資源賦存量（m^3/人・年）

	平均年	渇水年
日本全国平均	3,223	2,167
北海道	9,900	6,438
関東	884	627
関東臨海部	386	273
東海	3,736	2,570
近畿	1,390	820
近畿臨海部	1,074	609
北九州	2,281	1,304
沖縄	1,800	1,109
世界平均	7,720	
カナダ	84,483	
アメリカ	9,802	
フランス	3,343	
中国	2,060	
インド	1,539	
エジプト	694	
シンガポール	116	
クウェート	7	

『平成25年版日本の水資源』（国土交通省）213頁「参考1-2-1 世界の水資源量等」および214頁「参考1-2-2 地域別降水量及び水資源賦存量」から抜粋

方メートル、一〇年に一度の渇水年では二七三立方メートル（国土交通省、二〇一三）と絶望的に少ない関東臨海部でも水不足で困らないのは、多摩川や利根川に大きなダム貯水池や河口堰を整備しているからである。

緑のダムを考えるにあたっては、水資源の確保に通常のダムがどのように役立っているのかをまず概観してみよう。

通常のダムと水資源

図6-1は貯水池の設置にともなう水資源開発の模式図である。横軸が一年間を示し、縦軸が河川流量を模している。水利権を議論するような場合には、平年値ではなく、一〇年に一度の渇水など、計画対象の年の流況（日々の河川流量の変動の様子）を想定する。たとえば、自然状態では流量の季節的な変動が太線のようだとすると、年間を通じて必ず利用可能な流量はその最低値である。あるいは一年のうち一〇日程度は使えなくてもかまわない、とすると、日流量で数えて年間のうち下から一〇番目の流量が安定して利用できる流量だ、ということになる。

これに対し、流量が多い際にⓐの分の水を貯水池にためこみ、流量が少ない時期にⒶの分を放流することができれば図6-1の先発開発量、という分だけ年間を通じて安定して水資源を利用することが可能となる。先発開発量として増えた分のうち、貯水池から実際に放流されるのは全体からみるとほんのわずかであり、年間を通じてほとんどは貯水池がなくとも利用できていた水量、河川の自流であることがわかる。いわば、貯水池建設による水資源開発は、レバレッジを利かせている（あたかも「てこ」の原理のように、少ない貯水容量で大量の水資源を確保している）のである。

さて、開発水量が増えるにつれて、そうした自流を利用した水資源開発の効率は悪くなる。先発開発と同じ水量を後から開発する場合、図6-1のⒷに相当する分を埋めるためには、ⓐの分に加えてⓑの分まで流量が多い時期に水をためこまねばならない。同じ水資源量を確保するにも、後からだと大規模

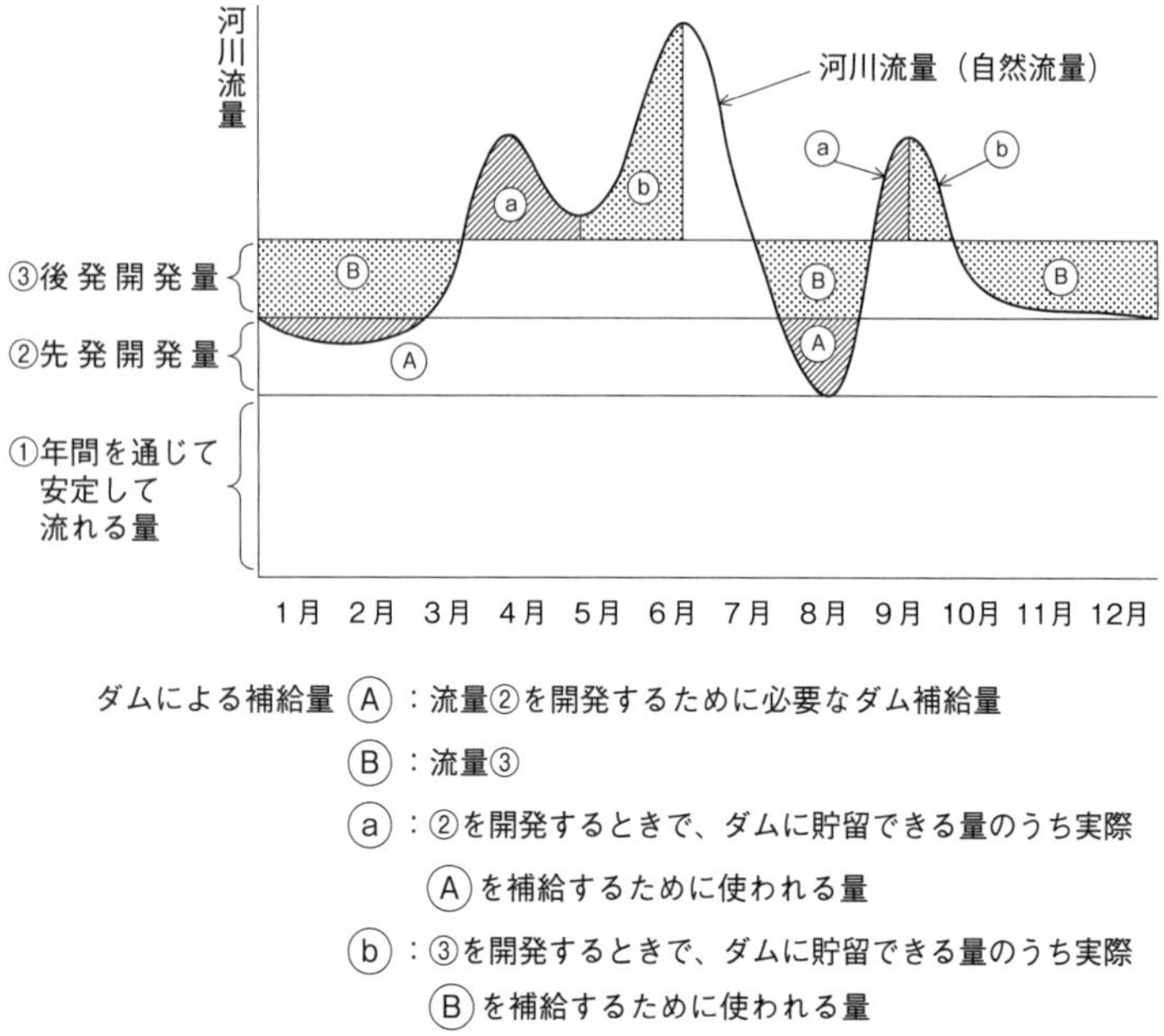

図6-1　貯水池の設置にともなう水資源開発の模式図
横軸が１年間を示し、縦軸が河川流量を模している。（『平成25年版日本の水資源』国土交通省）

な貯水池が必要となるのである。

逆にいうと、同じ容量の貯水池を造っても、追加的に安定して利用可能な水資源量は想定する川の流況しだいで大きく変わるし、計画どおり利用可能な水資源量が増えるかどうかは実際に渇水年になってみないとわからないのである。

さらに、気候変動によって流況が変化して豊水期と渇水期が頻繁に交代するようになったり、より変動が少なくなったりすれば計画時よりも効果的に水を確保できるようになると期待されるが、逆に渇水期が長く続き、いったん豊水期になって従来よりも極端に大量の水が流れるようになると、たとえ年間を通じた流量が今と変わらずとも、当初の計画ほどには貯水池は水資源の安定確保に役立たなくなる可能性がある。

緑のダムと水資源

この本のほかの節で述べられているとおり、森林は多面的な機能をもつ。そのうち水資源にとって有用な森林の機能は渇水時の流量を増やしてくれるという水源涵養機能である。しかし、無降雨時の低水流量には、森林土壌よりはもっと深層の基岩の種類の影響のほうが大きいことが虫明ら（一九八一）の研究によって明らかとなっている。第三紀層のように固結して緻密な地層よりは、第四紀層でまだ空隙が多い地層、あるいは第三紀層でも深層風化している花崗岩帯のほうが面積当たりの低水流量が多い事実が流れこみ式の水力発電所で計測された流量データにもとづいて見出されているのである。

すなわち、実際に地中の水のほとんどは森林土壌中というよりはその下の山体に貯えられており、スポンジのように水を吸収して森林土壌自身が水を貯えるというよりも、深部への浸透を阻害しない効果（恩田、二〇〇四）のほうが水資源への寄与としては大きいと考えられる。したがって、森林土壌の貯留容量だけで緑のダムの機能を評価するのは不十分である。

これに対し、森林が水資源に対してもつ負の効果もある。葉による遮断や、草本にくらべてより深い根からの吸水と蒸散のため、一年間に流出する水の量は草地や裸地にくらべると一般に森林のほうが少なくなってしまう。近年の渇水傾向でマレー・ダーリング川流域の水不足が深刻化しているオーストラリアでは小規模な農業用ダムによる地下水や河川水の貯留や雨水貯留とともに植林による保水は水の利用可能性を減らしているとして問題視されている（沖、二〇一二）。

ただし、土地表面が森林で覆われているかどうかが、深刻な影響が想定される何十年に一度といった渇水時の流量に対してどの程度影響を及ぼすのかについては不明なようである（蔵治、二〇〇四）。ある程度研究が進んでもはっきりしない、ということは、ほとんど差がないか、あっても微々たるものだと推定される。おそらくは、表層の条件によって山体に浸透し、ためこまれる水の量がやや多くても、その多さに応じて低水時の流量は大きく、貯留量の減少は速くなり、結果として長期の無降雨時には山体に貯留されている水のうち、流出可能な量は似通ってしまうのではないだろうか。

緑のダムの効果の大小を評価する際には、想定しているのが年の水収支なのか、平均的な低水あるいは渇水流量なのか、一〇年に一度といった水不足被害が懸念されるような渇水時なのかをしぼらないと議論がかみ合わない可能性があるし、どんな場合にも同じように効果が期待できるというわけでもない点に注意が必要だろう。

緑のダムは人工のダムの機能を代替できるのか

健全な森林土壌は深部浸透を阻害しないという観点から流域山体の貯留を増やす機能をもつとして、

荒廃した森林土壌に手を加え、健全化することによって人工のダムの機能を代替することが可能であろうか。

多かれ少なかれ流域に貯留される量が増大する、という視点からは人工のダムと同等の機能を期待することもできるだろう。ただし、森林土壌自身が貯留するというよりも、深部への浸透の増大が渇水時の利用可能な水資源量を増やす主要な効果だとすると、各年の雨の降り方によってその効果は当然変わってしまう。

そうした不確実性が多少あるとしても、どの程度の費用をかけてどのような森林整備をしたら、渇水流量がどの程度増大するのか、通常想定されている一〇年に一度といった頻度の渇水時に利用可能な水量がどの程度変化するのかがある程度定量的に算定できないと、緑のダム整備による水資源開発効果を政策的に水資源計画に組みこむのは難しいだろう。

また、森林土壌も人工貯水池にも調整可能な容量に限界があるのは同じだが、エンジニアリング的には人為的な調整可能性の有無が重要である。緑のダムは降水量や太陽からの日射エネルギーに応じて水循環を調節している。しかし、人間の都合に応じて貯留したり放流したりしてくれるわけではない。むしろ、森林土壌やその深部への浸透の増大はいざ渇水になった際にもできるだけ樹木自身が生きながらえるための適応の結果であるとも考えられ、長期無降雨時には森林と人間の水をめぐる拮抗はむしろ先鋭化する恐れがある。これに対し人為的操作が可能な貯水池の場合には、水圏生態系の保全目的も含めて可能なかぎり人間の都合と意図に応じたタイミングで必要な量の水が使えるように工夫することも可能である。

もちろん、人工のダムは環境を激変させ、時には移住を余儀なくさせるし、水循環のみならず生態系や土砂流動にもそれなりの影響を与える。しかし、緑のダムは流木を発生させて洪水被害を時に激化させるし、水力発電をすることもできない。通常の豪雨時には斜面からの土砂流出を抑えることができても、大規模な崩壊の際に根こそぎ崩れるのを防ぐことはできない。緑のダムか、人工のダムか、は二者択一ではなく、両者の長所を生かし、短所をできるだけ抑えて最適な方策を探るしかない。

なぜ緑のダムなのか

本書のほかの節で紹介されているとおり、森林を皆伐すると再び成長するまでの特に最初の一〇年間程度の流出量は増大し、平均的に利用可能な水資源が増えることはすでによく知られる科学的事実となっている。しかし、いまだに木を植えると水が豊かになる、という妄信が日本には多いのはなぜなのだろうか。

まず、水と緑は美しい自然の象徴であり、森林に対して人は無条件に好印象をもつものである、というのが根源的な理由かもしれない。そして人は好きなものはよいものであるはずだ、というふうに思いこみがちであるため、結果として森林のよい効果ばかりに意識が集中しがちなのではないだろうか。これは身近なもののリスクは過小評価し、未知のリスクは過大評価するというよく知られたリスクの認知バイアスとも関係しているが、便利なものは安全なはずだ、というのも誤謬《ごびゅう》であり、実際には便益が大きいからこそリスクが大きくとも社会に受け入れられているのである（中谷内、二〇一二）。

また、相関関係と因果関係との錯誤の問題もあるだろう。たとえば、ブナ林に覆われた流域の流量が多く安定していると、ブナ林のおかげで水が豊かであるという因果関係を思い立つ。しかしそれは、沙漠の真ん中のオアシスにポプラが植わっているのを見て、ポプラを植えれば沙漠でも水が湧き出すようになると思うのと同じ勘違いである。沙漠の中でも地下水面が浅く湧き出すような場所に木が生えるように、ブナは水が豊富な地域に生息するのである。比較的寒い地域で積雪が多く、春先の融雪期に流量が安定して豊富であることもブナ林神話の形成に役立っているのだろう。いずれにせよ、木があると豊富に水を使えるようになるのではなく、水が豊富な場所に木が生えるのである。

単に相関関係を因果関係と見誤っているだけであれば実害はないが、半乾燥地で人口が増え、水不足で困っているような地域に植林をすればもっと人が水を利用できるようになるのではないか、と実践的な行動に移すのは現地の状況を詳細に検討してからにする必要がある。下手をすると、植えた木が地下水面を低下させて利用可能な水を減らしてしまうおそれがあるからである。

逆に、海外の半乾燥地で慢性的に水が足りないような場合には、森林を伐採して人間が利用可能な水を増やす、という手段がとられることもあるという。いってみれば、緑のダムを壊して水を得るわけである。しかし、それはあくまでも水の絶対量が足りない場合の一手段であり、そういう手段を選ぶかどうかは総合的に判断されるべきである。

日本の水文気候と文化と緑のダム

図6‐2は年降水量と年蒸発散量の推定結果を世界の主要な河川流域ごとに示したものである。河口位置の緯度ごとに低緯度（★）、中緯度（▲）、高緯度（○）と変えてある。日本の年間降水量約一六〇〇～一七〇〇ミリメートル、年間流出量約八〇〇～一〇〇〇ミリメートルという値は熱帯河川に匹敵することがよくわかる。国土の約三分の二を覆う森林による蒸散などの水の消費もこの降水量と流出量の差にすでに含まれており、現在の水利秩序は森林の存在を前提として構築されている。日本では、降水量や流出量は多くとも人口密度が高く、先に示した**表6‐1**のように一人当たりの水資源賦存量がそんなに多くはないとしても、毎月のように雨や雪が降るため、**図6‐3**のように世界のほかの地域にくらべるとそんなに多くの貯水容量をもたずとも水をなんとか確保できている。そのため、森林を犠牲にしてまで水を得ようとはしてこなかったともいえるし、得られる水資源を多少犠牲にしてでも森林が存在することによるメリットを享受しようという文化が育まれてきたのであろう。

もっとも、昔から日本で森林が大事に保全されてきたのか、というと、そうでもなく、薪炭が主要なエネルギー源であった時代が終わるまでは里に近い山の木は収奪され、ハゲ山に近い状態であり、日本の森林が現在のように豊かになったのは日本でも産業革命が生じた明治以降である（太田、二〇一二）。江戸時代までは、森林に木を生い茂らせておくよりも、利用する価値のほうが高かった、ということなのだろう。逆に、だからこそ、森林がないデメリットをできるだけ抑制するために、山には木を植えろ、

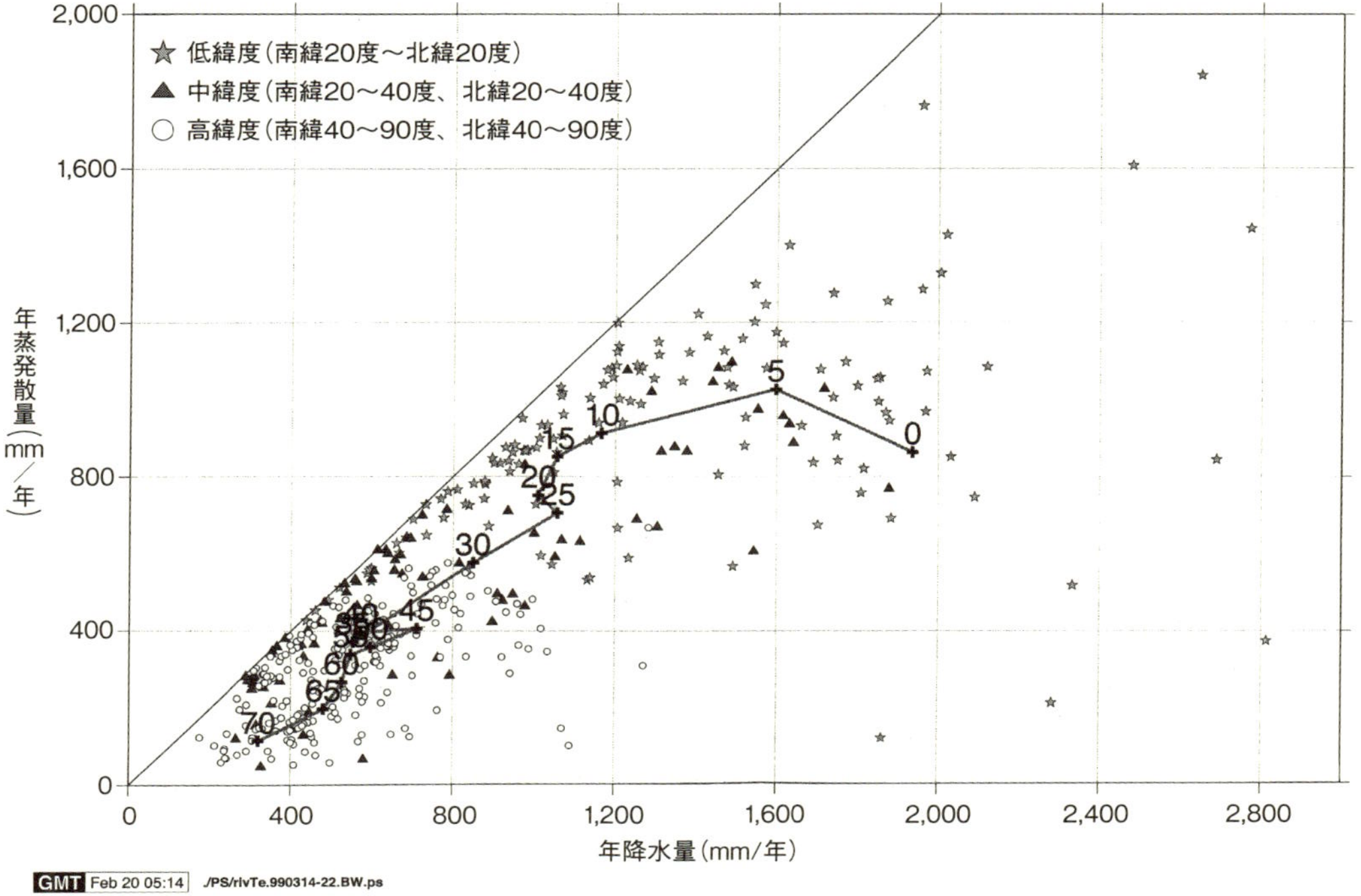

図6-2　世界の主要な河川流域ごとに示した年降水量と年蒸発散量の推定結果。河口位置の緯度ごとに低緯度（★）、中緯度（▲）、高緯度（○）と変えてある。図中の数字は緯度帯ごとに求めた平均値を示す。日本の年間降水量約1,600〜1,700mm、年間流出量約800〜1,000mmという値は熱帯河川に匹敵することがよくわかる。（Oki *et al.*, 2004）

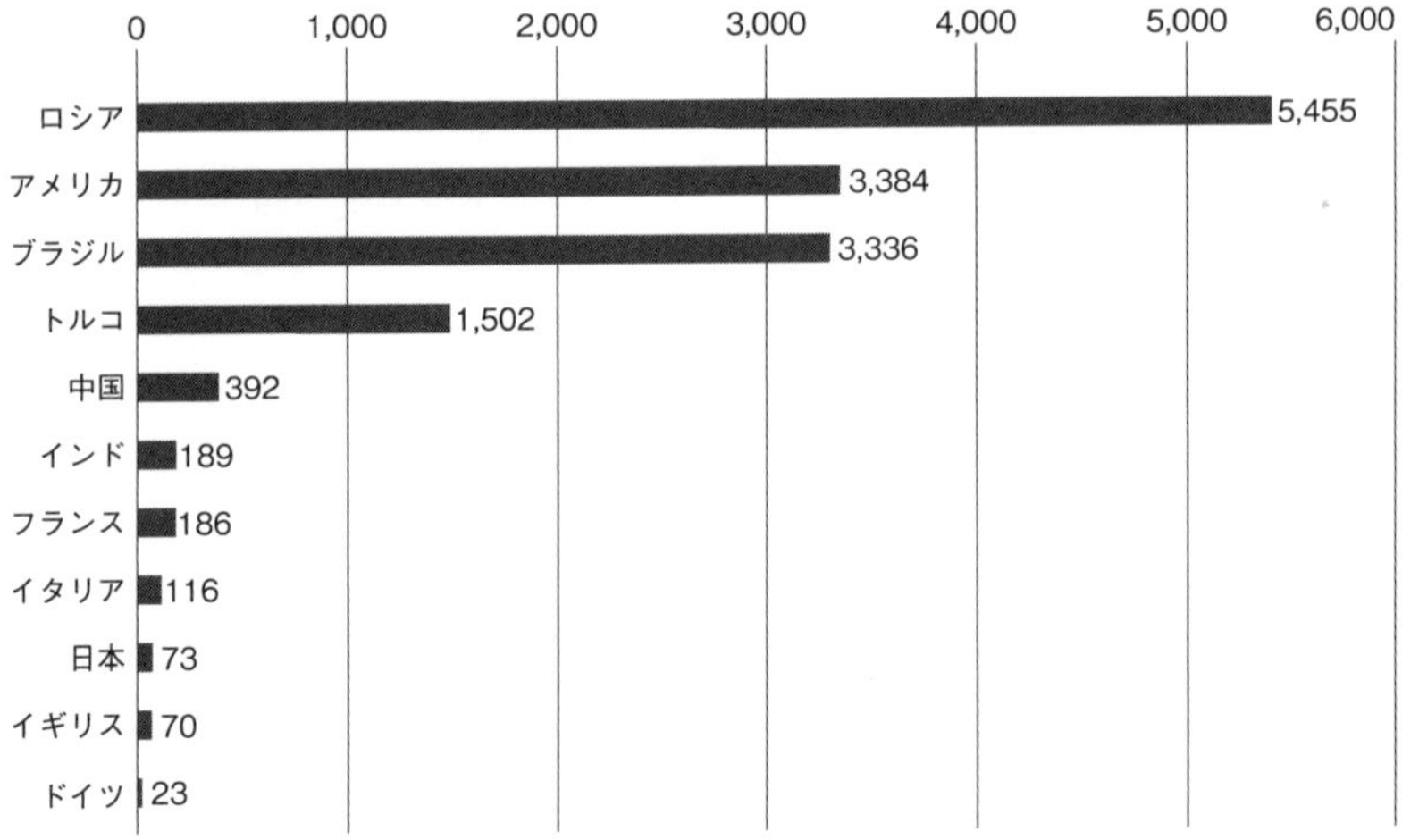

図6-3　１人当たりダム総貯水容量（m^3/人）

という教えを繰り返し説き、広める必要があったのかもしれない。

緑のダムとリスクマネジメント

日本の水資源需給の現状を考えると、人工のダムによる貯水池なしに緑のダムだけで安定した水供給を実現するのはきわめて困難である。とはいえ、さらに新規の人工のダムの建造によって人為的に調節可能な貯留容量を増やす必要があるかどうかについては、科学的には決まらない。急激な経済発展と都市への人口の集中にともなう水需要急増のせいで毎年のように水不足が心配され後追いで水資源を確保していた時代がようやく終わろうとし、今後のダム建設は利水安全度の向上が主な役目となるからである。

長期的には人口が減少し、水需要は減少すると見こまれるが、二〇五〇年にはまだ約一億人弱（中位推計）の人口が見こまれ、地域によってはほとんど減らない。そうしたなかで高齢化によって勤労人口が減り財政的余裕がさらになくなると、新たな水資源開発は到底無理となり、現状の水資源供給施設を維持しつづけることすら困難になることが想定される。そうした将来に対して現時点でどの程度の備えをしておくのが適切なのかは、どの程度の渇水リスクならば受け入れるか、という選択の問題になる。

リスク軽減のための投資は、リスクが顕在化しなければ無駄になるので、「きっと深刻な渇水にはならない」という希望的観測にもとづけば利水安全度の向上は不要だという判断になるだろうし、「万が一深刻な渇水になったら大変だ」と思えば可能なかぎり利水安全度をあげようとすることになる。どの程度の安全度にするにはどのくらいの人工のダムの建造や緑のダムの整備が必要なのか、に対して科学や技術は答えられるように努力しているが、どの程度の安全度にすればよいかは社会の問題であって科学や技術が答えられる問題ではない。実際の施策が両者の間のどこに落ち着くかは社会の合意にもとづくしかなく、民意を代表する首長、政治家の判断に委ねられることになる。

とはいえ、政治家や世間は水問題ばかりを考えているわけではないし、その余裕もないだろう。一つの解を示さずとも、持続可能で、できるだけ市民の幸福度の向上につながるような水資源管理はどうあるべきか、という考え方の提示まではするのが専門家の責務であるだろう。その際、科学的合理性だけではなく、水や緑に対する心情も斟酌し、頭ではわかっていても心では受け入れられない、といったふうにならない方策を工夫する必要があると考える。

引用文献

国土交通省　二〇一三　平成25年版日本の水資源（水資源白書）

蔵治光一郎　二〇〇四　世界の「緑のダム」研究事情　蔵治光一郎・保屋野初子編　緑のダム——森林・河川・水循環・防災　築地書館　五六—七七頁

虫明功臣・高橋裕・安藤義久　一九八一　日本の山地河川の流況に及ぼす流域の地質の効果　土木学会論文報告集三〇九：五一—六二頁

中谷内一也　二〇一二　リスクの社会心理学——人間の理解と信頼の構築に向けて　有斐閣　三〇六頁

小槻峻司・田中賢治　二〇一三　陸面過程モデルと大気水収支法による灌漑農地からの水蒸気供給量推定　土木学会論文集Ｂ１　六九：一八〇一—一八〇六頁

Oki, T., Entekhabi, D. & Harrold. T.I. 2004. The Global Water Cycle. In: *State of the Planet: Frontiers and Challenges in Geophysics.* R.S.J. Sparks & C.J. Hawkesworth (eds). Geophysical Monograph Series Volume150, 414pp. AGU Publications, 225-257.

沖大幹　二〇一二　水危機　ほんとうの話　新潮社　三三四頁

恩田裕一　二〇〇四　森林の荒廃は洪水や河川環境にどう影響しているか　蔵治光一郎・保屋野初子編　緑のダム——森林・河川・水循環・防災　築地書館　二二三—二三五頁

太田猛彦　二〇一二　森林飽和——国土の変貌を考える　ＮＨＫ出版　二六〇頁

Pokhrel, Y.N., Hanasaki, N., Yeh, P.J-F., Yamada,T.J., Kanae, S. & Oki, T. 2012. Model estimates of sea-level change due to anthropogenic impacts on terrestrial water storage. *Nature Geosci*, 5: 389-392.

緑のダムと災害に強い森づくりの探求

片倉正行

脱ダム宣言と長野県の緑のダム研究

一九七五年頃から森林土壌調査に携わり、その後も森林に関する調査研究で土壌孔隙解析や透水性・浸透能測定などを行い「山の水」にかかわってきた。しかし、自分がふれているのは山岳森林の巨大な水循環システムの表面にすぎないだろうと、いつも、じれったく感じていた。それから約四〇年が経過し、近年の関係分野の研究発展には目を見張るものがある（たとえば小杉、二〇一三）。ここでは、長野県における最近一五年間ほどの「森林、水、災害」に関する動向を紹介する。

二〇〇〇年を迎えた長野県に「田中康夫知事誕生」という大きなエポックメーキングが訪れた。就任一カ月後に、知事は松本市薄川《すすきがわ》流域で計画されていた大仏《おおぼとけ》ダム建設の中止を表明し、二〇〇一年二月には「脱ダム宣言」を行った。「コンクリートダム建設は、もう止める」との突然の発言だった。同時にダムに代わる総合的治水対策を検討することを表明した。これには、筆者も驚いてしまった。それまで「森林には水源涵養機能があり洪水防止機能が高いので、健全な森林を造成維持することが治水的に非常に重要である」という教科書的な説明ですませていた部分があったことは否めなかった。ところが、森林のもつ洪水防止機能の具体的な評価・数値化が必要になったのである。その後の長野県の対応は、前著『緑のダム』（蔵治・保屋野編、二〇〇四）で加藤英郎が紹介した森林と水プロジェクト第一次報告（長野県林務部、二〇〇一）のとおりで、森林の有する洪水防止機能の評価・検証と、機能発揮のための森林整備指針の検討を行い、「壊れにくい森林の造成」を目指すこととなった。

本稿では、その後に発表された森林と水プロジェクト第二次報告（長野県林務部、二〇〇八a）と、間伐が水流出に与える影響の調査結果を紹介するとともに、二〇〇六（平成一八）年七月に発生した岡谷土石流災害にふれながら、「森林、水、災害」に関する新しい研究方向などについて紹介したい。

森林と水プロジェクト第二次報告

第一次報告では既存のデータから得た森林の土壌水分貯留量と樹冠遮断量とを合わせて、薄川上流森林の有効貯留量を一〇一～一四二ミリメートルとした。こうした有効貯留量をもつ土壌と森林を失うことなく、さらに豊かな環境資源とするべく「壊れにくい森林の造成」を薄川流域の総合的治水対策の基本目標とした。そして具体的な目標林相を針広混交林あるいは広葉樹林として、森林整備に必要な治山事業、造林事業などの実施方法について提示を行った。第二次報告では、第一次報告で検討が不十分と考えられた以下の点について検証を行った。

①土壌型別面積・有効孔隙量、および樹冠遮断量

第一次報告では有効貯留量を求めるため、既知の土壌型別面積および有効孔隙量を用いたが、黒色土の面積あるいは土壌型別の有効孔隙量が薄川流域に整合するのかという指摘があった。このため、流域内九二地点で現地調査を行い、第一次報告の内容に大きな変更の必要がないことを確認した。樹冠遮断量については、流域の降雨量および樹種別樹冠遮断量と面積などの実測値を用いて検討したところ、降雨量一〇〇〜二〇〇ミリメートルに対して樹冠遮断量一三〜二五ミリメートルが得られ、第一次報告で使用した一七ミリメートルは妥当と判断された。

②流域全体の保留量

流域内六カ所に雨量計を設置して降水量を観測するとともに、薄川流域最下流部の厩所《まやどころ》観測所で流出量を観測した。二〇〇三〜二〇〇六年の、一連続雨量二〇〇ミリメートル以上の降雨により保留量曲線*1を作成したところ、流域全体の最大保留量は一六〇ミリメートル程度と推定された。第一次報告の有効貯留量一〇一〜一四二ミリメートルにくらべて二〇〜六〇ミリメートルほど大きな値だったが、これは土壌層から基盤岩層への深部浸透分と位置づけられ、第一次報告の洪水防止機能評価は妥当と判断した。

③貯留関数法への有効貯留量の導入

第一次報告では、森林の洪水防止機能を表す一つの指標として流域の有効貯留量を算出したが、これは一連続降雨に対する一時的な流域の潜在容量を示すのみであり、洪水防止を考えるうえで最も重要な河川への最大流出量に対する森林の影響を評価することはできなかった。このため河川工学分野で一般に利用されている貯留関数法の流出解析に森林の洪水防止効果を反映させることを試み、現状の森林状態が反映される最新の実測洪水データにもとづき初期の流出モデルを作成すること、流出モデルの係数である飽和雨量（R_{sa}）に有効貯留量を使用すること、先行降雨の有無に応じて流出モデルを使い分けることなどを試行した結果、良好な流出シミュレーションを得ることができた（加藤・上野、二〇〇四）。

森林施業（間伐）が水流出に与える影響

薄川流域内、寒沢《かんざわ》試験流域（二二・四ヘクタール）のカラマツ・ヒノキ林に間伐区（七・二ヘクタール）を設け、二〇〇八年一二月から二〇〇九年二月にかけて材積間伐率三〇パーセント（本数間伐率では約五〇パーセント）の間伐を行った（寒沢試験流域としての材積間伐率は九パーセント）。間伐前後の流況曲線を比較すると、間伐前（二〇〇五〜二〇〇七年）よりも間伐後（二〇一一〜二〇一二年）の傾きが大きくなっており、年間の流量変動が大きくなったと判断された。また、降雨―流出の応答関係をタンクモデルにより検討したところ、短時間に強い降雨があった場合に、間伐後の流量が増加する傾向がみられた。この原因としては、間伐により立木が減ったために、樹冠遮断量の減少、蒸発散量の減少、土壌表層部の構造変化などが生じたことが考えられた（小野ら、二〇一三）。

岡谷土石流災害からの検討

二〇〇六年七月一五日から七月二四日にかけて全国的に被害を与えた平成一八年七月豪雨は、長野県各地に大きな被害をもたらした。特に県中部の諏訪湖南西部（岡谷市西山地域）では一九日午前四時頃に土石流が頻発した（岡谷市、二〇〇九）。土石流はいずれもきわめて水分の多い黒色泥流で、その源頭部（崩壊発生源）は半径約一キロメートル円内の標高九〇五〜一〇四五メートルに集中しており（**写真7–1**）、九七〇メートルなどの特定標高に並ぶ傾向があった（片倉ら、二〇〇九）。また、流下土石流の水分量が流域の降水量では説明できないほど多かった（平松ら、二〇〇六）。

被害発生直後の調査では、土石流の発生原因は山腹表層に堆積していたローム質土が大量の降水により飽和し、流動化したためと推定した（長野県林務部、二〇〇七）。しかし、崩壊の発生源が特定の標高に並ぶ傾向があることについて検討を加えていくなかで、山体内に異なる性質の火山噴出物が積層した地質境界が存在することが明らかになった。豪雨の水分は山体基盤岩へ浸透していったが、透水性の悪い層で深部への浸透が妨げられた。行き場を失った水分は山腹に大量噴出し、山腹崩壊を発生させるとともに、水分飽和していた山腹堆積土を流動化させ、泥流型土石流が発生流下したものとされる（**図**

写真7-1　岡谷土石流発生直後の状況（提供／戸田堅一郎）
左下の森林内から天竜川に向かった土石流の跡。赤茶色の大蛇にも見えた。

7-1）（戸田ら、二〇一〇）。

なお、土石流の流下跡地には埋没していた堅く締まった黒色土層が出現することが多く、土石流が黒色を呈した原因はこれら黒色土が土石流に取りこまれたためと推定された。また黒色土層の透水性が悪かったことから、埋没していた黒色土層は表層土の飽和を助長するとともに土石流が長距離にわたり流下した要因になったとも考えられた。^{14}C年代測定法[*2]により黒色土層の生成時期を測定したところ、最も古いものは縄文時代早期で、その後、断続的に近世までの年代が得られた（片倉ら、二〇〇八）。黒色土の生成環境は野焼きをともなう草原的植生とされているので、当地は縄文時代から人により焼かれることが多く、深い森林に覆われることが少なかったと推察された。また、現地調査において、森林山腹

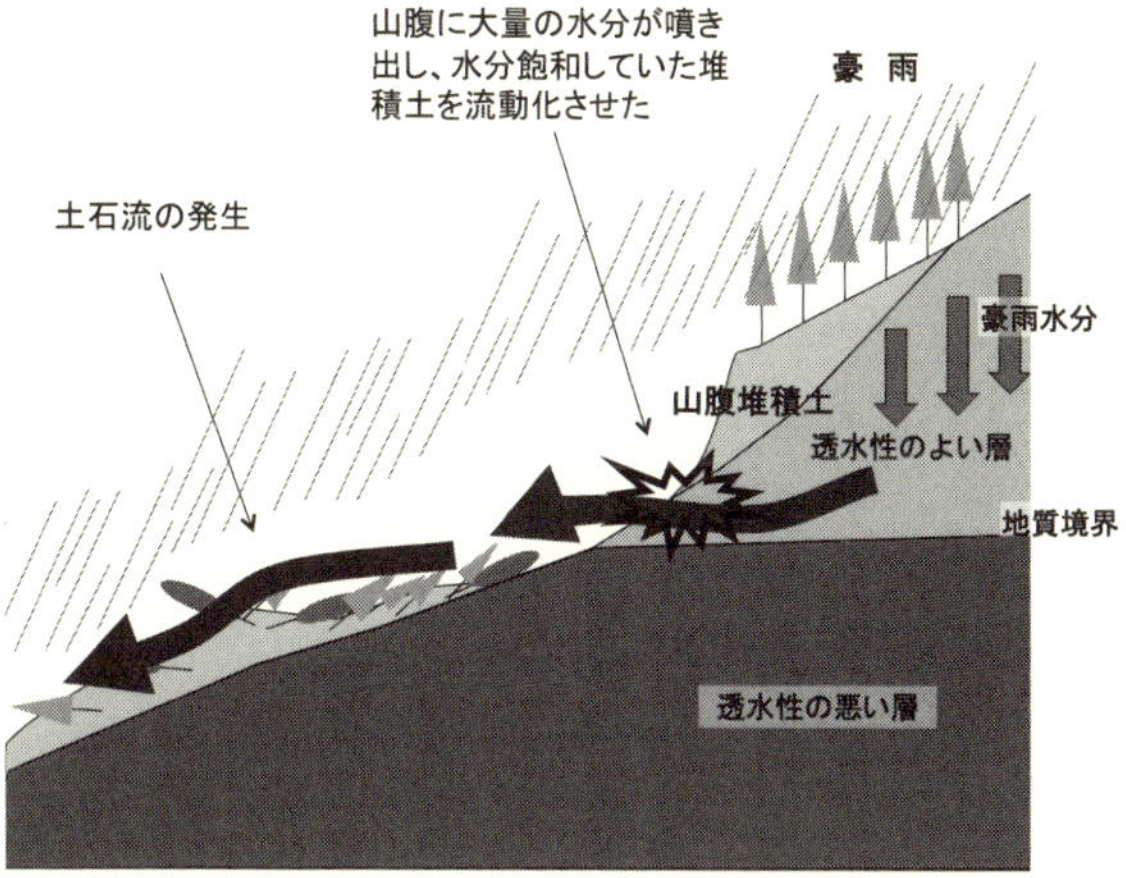

図7-1 岡谷土石流の発生機構（戸田ら、2010を改変）
豪雨の水分は山体基盤岩（透水性のよい層）に浸透し深部への移動を続けたが、透水性の悪い層により、行き場を失って山腹に噴出した。これをきっかけに、水分飽和していた山腹堆積土が土石流となって流下した。

には畑地跡と考えられる階段状地形が多く見られ、近年まで森林ではなかった場所が多かったことが推測された（片倉ら、二〇〇九）。

カラマツは土壌緊縛力（崩壊防止機能）が弱いのか？

土石流の発生・流下域は森林であり、戦後の拡大造林期に植林された四〇～五〇年生のカラマツ人工林が多かった。土石流が流下するさいに倒伏し巻きこまれたカラマツ流木が家屋被害などを大きくした傾向がみられ、当初は「カラマツが悪いのではないか」という声が聞かれた。カラマツ人工林は長野県に広く分布する森林である。一般的に山腹斜面の崩壊防止機能は立木根系の土壌緊縛力によるところが大きいとされているため、カラマツ立木の土壌緊縛力がほかの樹種にくらべて劣るのかを確かめるために、引き倒し試験を行った。

試験は信州大学農学部北原曜教授をチームリーダーとし、長野県林業総合センター構内（塩尻市）の二〇年生前後のカラマツ林、ヒノキ林、スギ林、およびコナラ林で行われ、立木の幹、地上一メートルの高さにワイヤーをかけてウインチで牽引し、最大引き倒し抵抗力を計測した（深見ら、二〇〇九）。

試験結果を**図7–2**に示したが、カラマツが特に弱いことはなく、ほっとしたのが正直なところだった。特徴的だったのは四樹種の中でコナラが明らかに強いことだった。試験後に一部の根株を掘り上げて洗浄し根系観察を行ったところ、四樹種ともに最大抵抗力の大きかった立木ほど太い根が発達し水平方向の根系発達が著しかったが、垂下根の伸長深さは最大一メートル程度で樹種による差はなかった。ところが、コナラは根株中心付近の射出根から分岐発達した直径五〜一〇ミリメートルの中根が非常に多く、これらの根が交差癒着しネット状を呈するものが多く見られた（**写真7–2**）。そしてこれら根系間に捕獲されている土壌はきわめて堅く締まり、取り除くのに大きな労力を要した（山内ら、二〇〇九）。

試験によりカラマツに対する疑いは払拭されたが、カラマツは本来やや乾燥する土壌条件を好む樹種である。土石流が流下する谷地形や旧耕作地では、土壌の通気性不良により十分な根系発達が阻害される可能性が高い。山地に樹木を植林する場合は、その場所の立地条件に合った樹種を選択する「適地適木」に従うとともに、崩壊が発生しやすい山腹などでは土壌緊縛力の強い樹種を選択するような配慮も必要であろう。

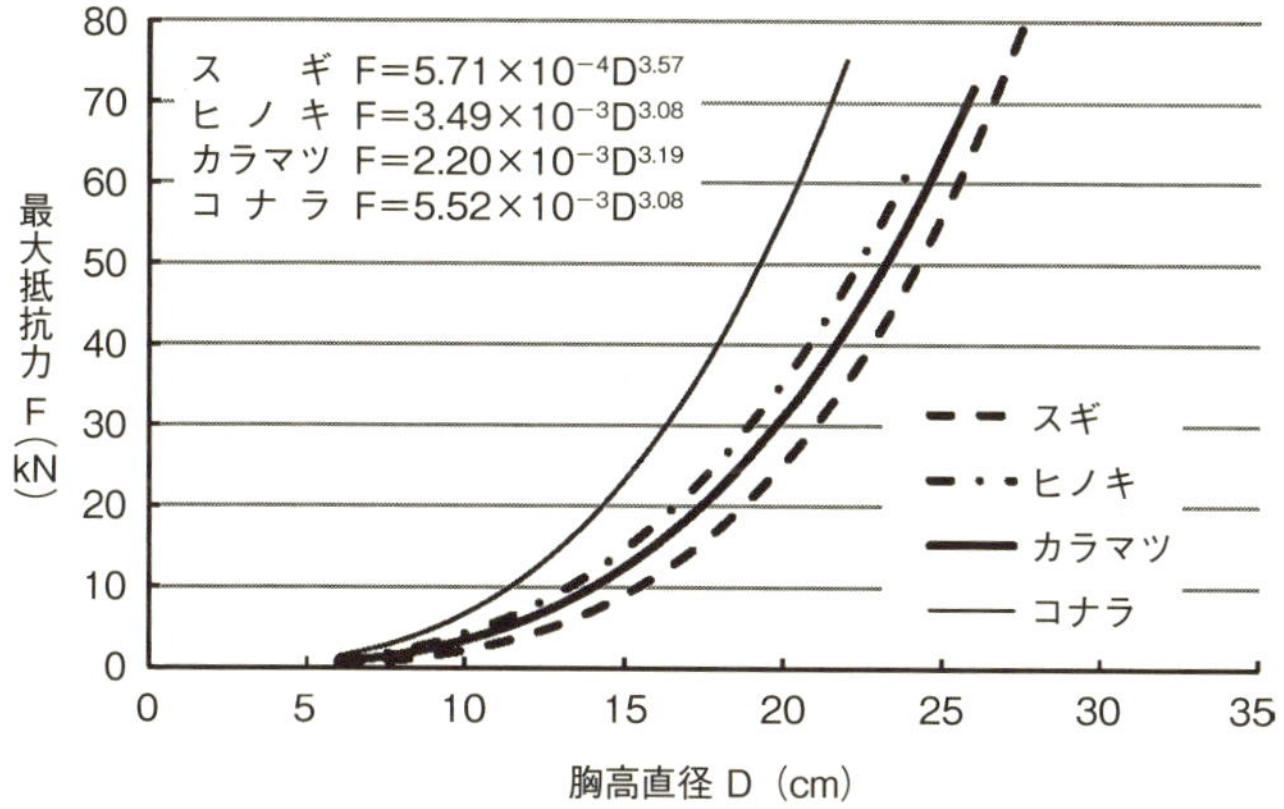

図7-2　樹種別最大引き倒し抵抗力（深見ら、2009を一部改変）
胸高直径20cmのスギ立木の最大抵抗力は25kNほどだが、コナラ立木では56kNと2倍以上の抵抗力をもっていることがわかる。

写真7-2　コナラと、カラマツの根株（提供／山内仁人）
左：コナラ（樹高14.3m、胸高直径18.5cm）、右：カラマツ（樹高18.6m、胸高直径19.2cm）

航空レーザ測量データを用いた立体図による崩壊危険地予測技術の開発

岡谷土石流災害の調査を進めると、崩壊が発生した場所の周辺には過去の崩壊地形が多数あり、これらの微地形を観察することで、将来崩壊が発生する危険性の高い場所を予測することが可能と考えられた。しかし空中写真では森林樹冠層表面が撮影されるので地表面の観察はできない。そこで見出された手法が航空レーザ測量データを用いた立体図の作製だった（戸田、二〇一二）。

近年、航空レーザ測量技術の発達により、地表面の微地形を正確に計測することが可能になり、一平方メートルに一点の密度で、誤差プラスマイナス二〇センチメートル程度以内という非常に細密な標高データを得ることができる。このデータから地形の傾斜と曲率[*3]の計算を行い、透過処理により重ねて表示することで、地形判読が容易な立体図が作成され、この立体図は曲率（Curvature）と傾斜（Slope）の頭文字をとってCS立体図と呼ばれる（**図7–3**）。

長野県各地で作成されたCS立体図による微地形判読結果からは、崩壊が発生しやすい場所は、地質境界や断層線などによるリニアメント[*4]上、古い地すべり跡地形の内部とその縁部、過去に崩壊が発生した場所の上部（0次谷[*5]）などであるという特徴がみられ、過去に土石流災害があった場所では、下流に扇状地が形成されているのも大きな特徴とされる。これらの地形的特徴を従来の等高線による地形図から判読するには、専門的で高度な技術が要求されたが、CS立体図を使用することで、比較的容易に地形判読を行うことが可能になった。崩壊発生危険地の予測が可能になれば、危険な場所では治山事業な

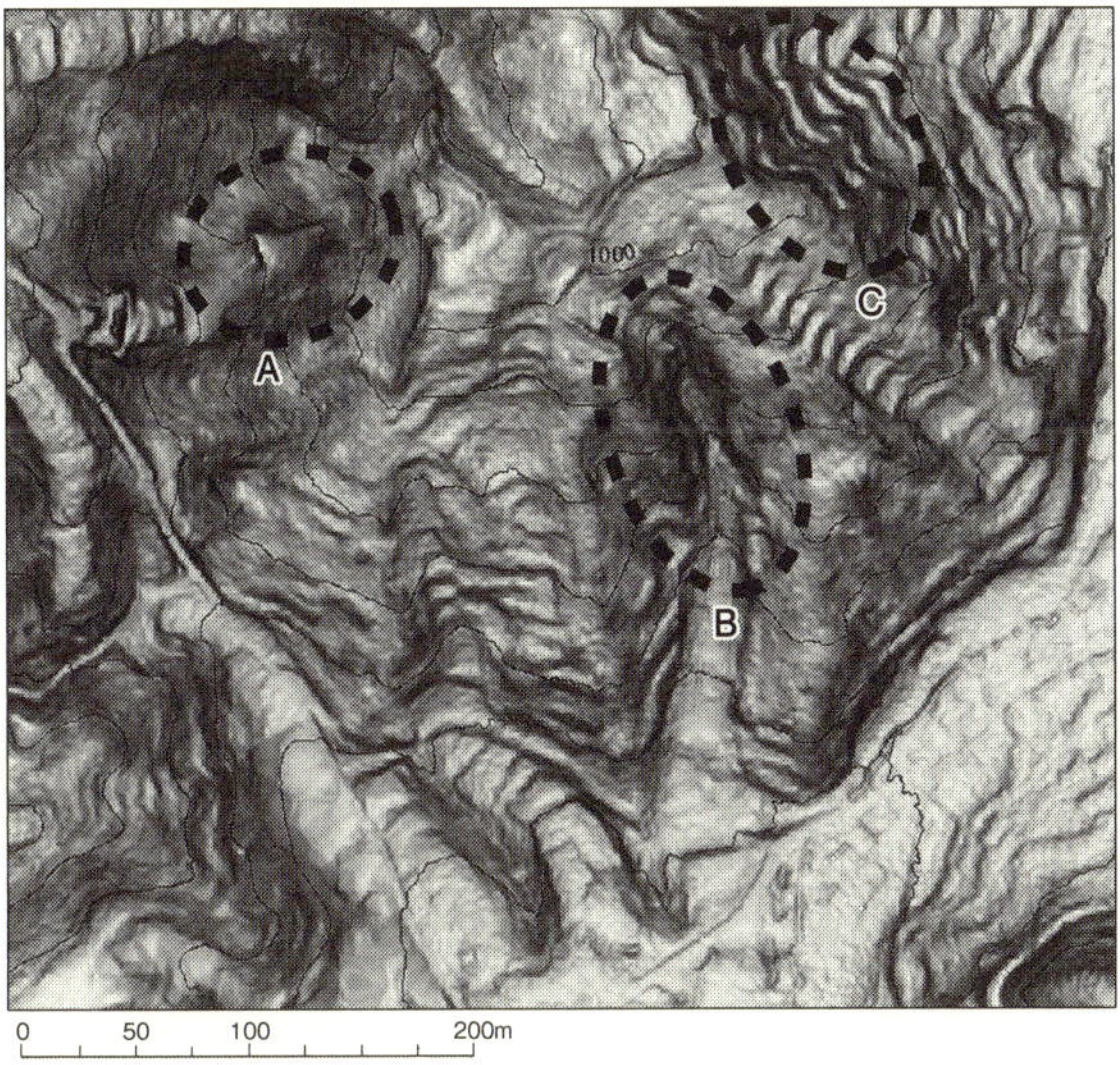

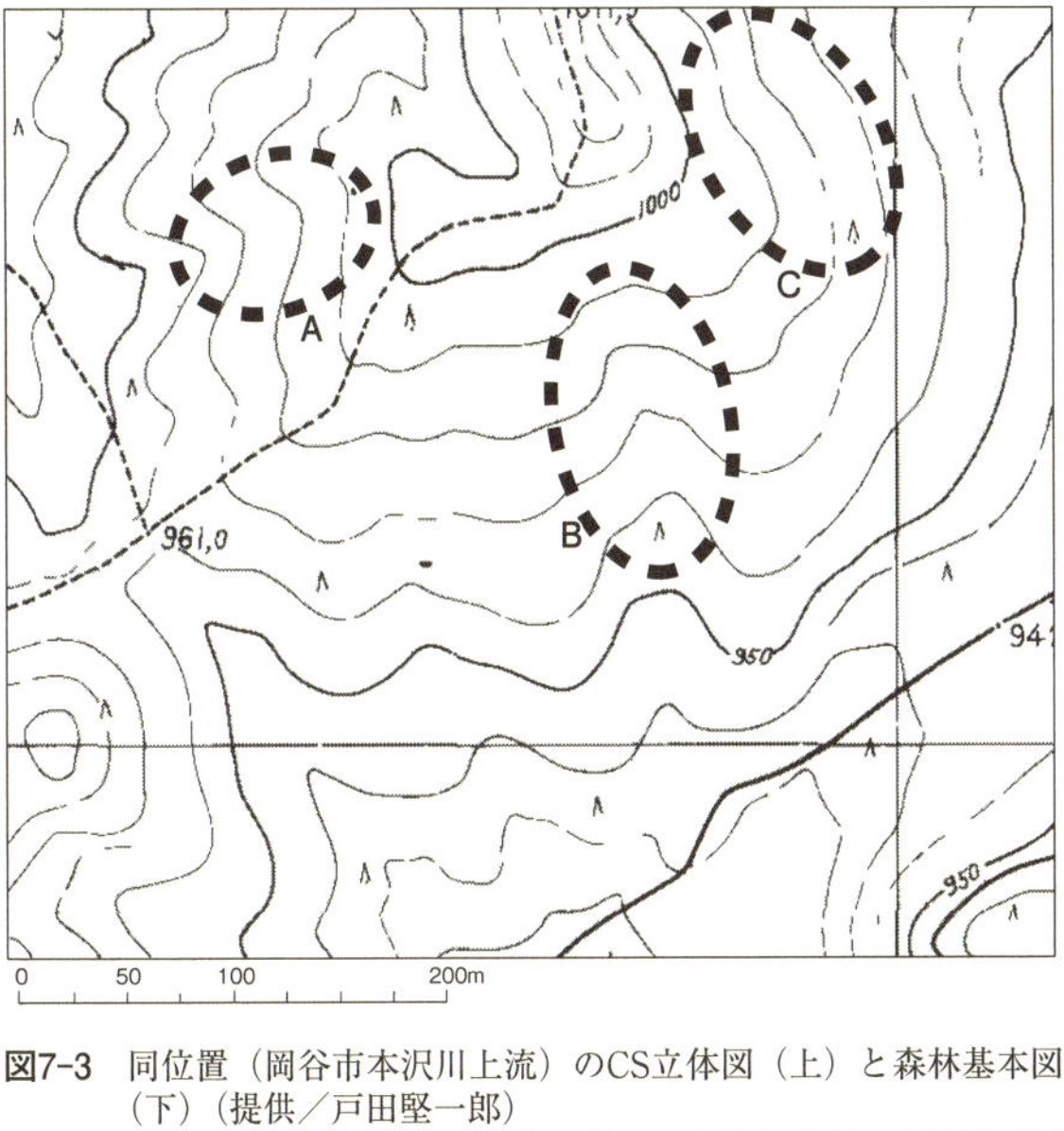

図7-3　同位置（岡谷市本沢川上流）のCS立体図（上）と森林基本図（下）（提供／戸田堅一郎）
CS立体図ではA、B、Cなどの微地形が見えるが、森林基本図では読み取れない。

どを集中的に投下すると同時に災害に強い森林づくりを行い、比較的安全な場所で木材生産を行うなど、効率的なゾーニング（土地利用の区分）ができるようになると考えられる。

災害に強い森づくりを目指して

二〇〇一年の脱ダム宣言を契機として、長野県林務部は森林の洪水防止機能評価に真正面から取り組むことになり、立ち上げられたのが森林と水プロジェクトだった。第一次報告では、既存資料を利用して森林のもつ洪水防止機能の評価と、その機能向上のために、「壊れにくい森林」の造成を追求することになった。第二次報告では第一次報告の補完とともに貯留関数法へ森林要因を導入する試みを行った。また、一〇年余をかけて間伐が流出に与える影響評価にも挑んできた。

こうしたなか、岡谷市を中心として豪雨による土石流災害が発生し、その原因究明と森林の取り扱いについての検討が求められた。林務部は信州の安全・安心を守る森林づくりのために「森林の土砂災害防止機能に関する検討委員会」を発足させ、現地調査を行うとともに検討を重ね「災害に強い森林づくり指針」を示した（長野県林務部、二〇〇八b）。指針では、土砂災害防止機能が高度に発揮される森林の姿を、根系がよく発達した土壌緊縛力の大きな針広混交林あるいは広葉樹林とし、良好な根系発達のために適地適木と間伐による適正本数管理の必要性が重要であることを改めて示しながら、林地条件別に間伐・更新・樹種選択などの整備手法を提示している。

災害の仕組みが変化か

ところで、最近気になりはじめていることがある。筆者がこれまで見聞してきた災害を思い返してくらべてみると、近年、山地災害の質が変化しているように思われる。昔の災害は豪雨による山腹表面の土砂崩落・侵食が主体だった。近年は豪雨の降水が地中の一定深度まで浸透したのちに山腹に噴出する災害が多くなっていないだろうか。これは、山体を覆っている植物構造が草原的環境から森林環境に変化し、降水の深部浸透が促進されたことに原因するかもしれない。森林と水の関係について、さらに多様な観点からの研究と検討が必要であろう。

なお、本稿作成にあたり関係各位より多くのご協力とご助言を賜ったことに御礼申し上げる。特に、長野県林業総合センターの戸田堅一郎氏のご協力に心より感謝申し上げる。

＊1――**保留量曲線**　一般に損失雨量は降雨量の増加とともに急激に増加するが、降雨量が数百ミリメートルになるとほぼ頭打ちとなる。この現象を表す曲線を保留量曲線と呼ぶ（X軸は累積損失雨量、Y軸は累積降水量）。流域の保水力は、ほぼ一定の値となった損失雨量（最大保留量）で表す。

＊2――**^{14}C年代測定法**　遺骸など有機物の放射性炭素同位体（^{14}C）の存在比率により、その生成年代を知る方法。

＊3――**曲率**（Curvature）　曲線や曲面の曲がり具合を表す量。ここでは、プラス値は凸地形、マイナス値は凹地形を表し、値の絶対値が大きいほど凹凸の曲面変化が激しい地形であることが示され、0に近いほど平板状の地形であることが示される。

＊4――リニアメント　空中写真などで、地表に認められる直線的な地形特徴（線状模様）。
＊5――0次谷　谷筋の最上流部（頭部）にある緩やかな凹地形。水流はない。

引用文献

深見悠矢・北原曜・小野裕・宮崎隆幸・山内仁人・片倉正行・松澤義明　二〇〇九　スギ、ヒノキ、カラマツ、コナラ立木の引き倒し抵抗力　中部森林研究　五七：一九五―一九八頁
平松晋也・水野秀明・池田暁彦・加藤誠章　二〇〇六　二〇〇六年七月豪雨による土砂災害――長野県岡谷市で発生した土石流災害　砂防学会誌　五九（三）：五一―五六頁
片倉正行・岡本透・富樫均・清水靖久・妹尾洋一・松澤義明　二〇〇八　土石流で現れた黒色土層の生成年代と古代の山地利用　中部森林研究　五六：二九三―二九六頁
片倉正行・小山泰弘・山内仁人　二〇〇九　平成一八年七月豪雨により岡谷市等で発生した土石流の発生状況と自然環境要因　長野県林業総合センター研究報告　第二三号：三七―四九頁
加藤英郎　二〇〇四　脱ダムから「緑のダム」整備へ――森林と水プロジェクト活動から　蔵治光一郎・保屋野初子編　緑のダム――森林・河川・水循環・防災　築地書館　一七七―一九一頁
加藤英郎・上野亮介　二〇〇四　洪水流出に対する森林の効果を考慮した流出解析の一手法――貯留関数法の適用事例　砂防学会誌　五七（四）：二六―三二頁
小杉賢一朗　二〇一三　森林で覆われた山が水を蓄える仕組み　森林技術　八五五：二―六頁
長野県林務部　二〇〇一　森林と水プロジェクト第一次報告
http://www.pref.nagano.lg.jp/shinrin/sangyo/ringyo/hozen/project.html（二〇一四年一月一〇日取得）
長野県林務部　二〇〇七　災害に強い森林づくり――森林の土砂災害防止機能に関する検討委員会　平成一八年度報告書概要版
http://www.pref.nagano.lg.jp/shinrin/sangyo/ringyo/hozen/documents/gaiyo_21.pdf（二〇一四年一月一〇日取得）

長野県林務部　二〇〇八a　森林と水プロジェクト第二次報告
http://www.pref.nagano.lg.jp/shinrin/sangyo/ringyo/hozen/project.html（二〇一四年一月一〇日取得）
長野県林務部　二〇〇八b　災害に強い森林づくり指針
http://www.pref.nagano.lg.jp/shinrin/sangyo/ringyo/hozen/chisan/documents/shishin_8.pdf（二〇一四年一月一〇日取得）
岡谷市　二〇〇九　忘れまじ豪雨災害　平成十八年七月豪雨災害の記録　一八―二二頁
小野裕・戸田堅一郎・小林文知・宮本奈穂子・北原曜　二〇一三　針葉樹人工林を主とする流域における間伐前後の流出特性の変化　中部森林研究　六二
戸田堅一郎・片倉正行・小山泰弘・清水靖久・大丸裕武・山根誠　二〇一〇　二〇〇六年長野県岡谷市で発生した豪雨災害の発生機構について――地質構造的考察　中部森林研究　五八：一八七―一八八頁
戸田堅一郎　二〇一二　航空レーザ測量データを用いた微地形図の作成　砂防学会誌　六五（二）：五一―五五頁
山内仁人・橋爪丈夫・近藤道治・宮崎隆幸・白石立・田中功二・片倉正行　二〇〇九　立木の引き倒し抵抗力と根系形状の関係――災害に強い森林づくり基礎試験　長野県林業総合センター業務報告　五六―五七頁

第２章　緑のダムの実践と政策

緑のダムのこれまでとこれから

太田猛彦

国土の変遷とともに歩んできた緑のダムの議論

水源山地の豊かな森林が水循環に及ぼす作用は下流に住む人間社会にとっておおむね有効であるとみなして、これを森林の水源涵養機能と称するが、その機能を代表する河川流量の調節作用を、河川に多くのダムが造られて以降、ダムの機能になぞらえて、森林を「緑のダム」と呼ぶようになった。したがって、緑のダムの機能とは大略森林の水源涵養機能にあたる。ここで〝大略〟としたのは、後述するように、緑のダムという用語はもっと広い内容を含んで使われているように思うからである。

一方で、水源涵養機能という機能自体も科学的にはいまだあいまいな部分があるとされてきた。緑のダムを論じる場合、森林が豊かになれば緑のダムの機能は高まるということを前提としている。しかも一般には、ピーク流量の低下のみならず、渇水流量も増加すると信じられていた。ところが森林には水を消費する蒸発散作用があるので、渇水時の流量が増加するかどうか、言いかえれば、森林の流量調節作用による基底流出流量の増加が渇水流量発生時まで持続するかどうかは、流域の条件しだいであるということがわかってきたのである。

一方、森林は今後どれほど豊かになるのか、緑のダムの機能は今後どれほど高まるのか、言いかえれば、現在の森林がどのような状態にあるとみるかは論じる人によって相当の開きがあるように思われる。この点も流域の状況によって差はあるが、日本の森林の平均的な状況について共通の認識をもつことは緑のダムの機能の将来を議論するさいに有益だろう。

森林資源に強く依存しながら発達してきた日本の農耕社会では、人口の増加とともに森林はしだいに劣化・荒廃してきた。当時の日本人が容易に利用できる資源は木と石と土であり、入手しやすく加工しやすい木材は最も重要な資源であった。さらに燃料として大量に使えるのは森林バイオマスに限られていたからである。

したがって、歴史上最初の森林荒廃は飛鳥時代に史上初めて人口集中が起こった飛鳥地方およびその周辺から始まり、しだいに畿内から近畿地方、瀬戸内地方に広がり、人口が三〇〇〇万人に達した江戸時代には森林の劣化・荒廃は北海道を除くほぼ全国に拡大していた。その頃の様子は、たとえば歌川広重の浮世絵「東海道五十三次」を見ればわかるだろう。それらの絵に描かれている背景の山を注意深く観察すれば、豊かな森は出てこない。山腹には荒地に生えるマツのみが目立っている（太田、二〇一

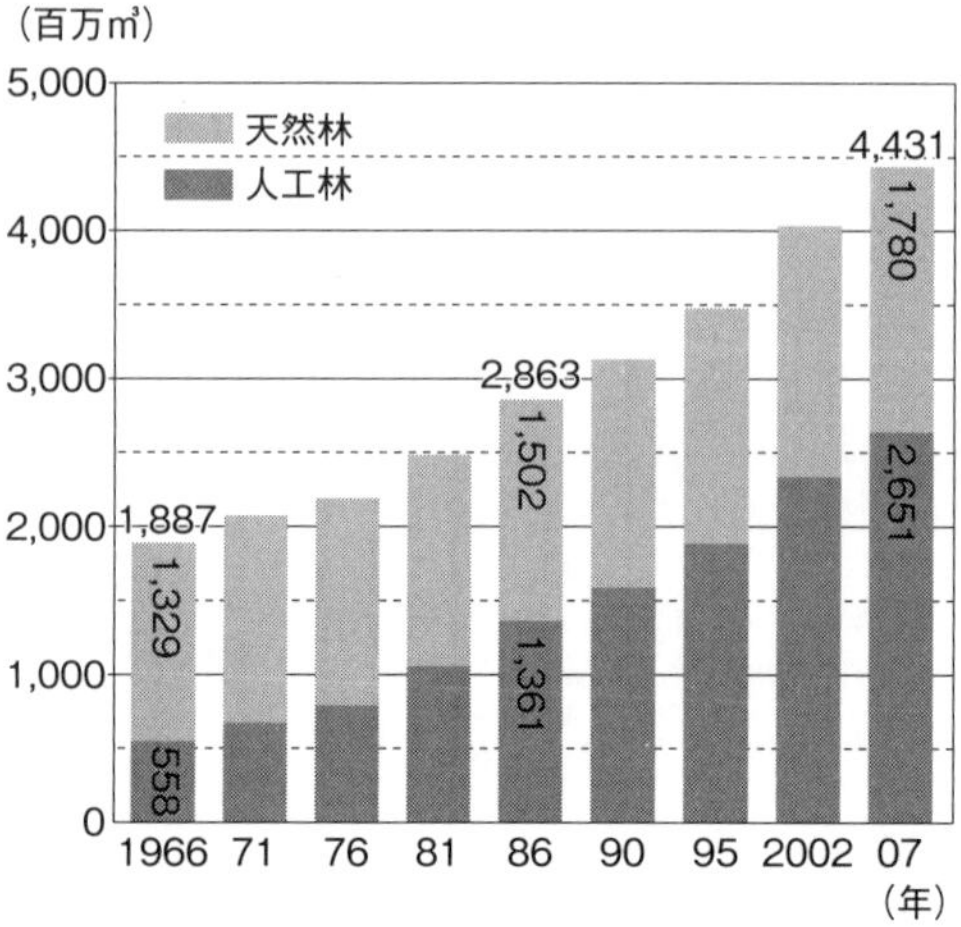

図8-1 日本の森林蓄積量の変化(『平成23年度森林・林業白書』林野庁)

二)。

山地・森林や河川の荒廃は明治時代中期頃がピークであったと推定される。それは、明治維新によって産業の近代化が始まり、江戸時代後期以降停滞していた人口は再び増加に転じるが、燃料の大半は依然として木質バイオマスに依存していたからである。そしてよく知られているように、河川法、森林法、砂防法のいわゆる治水三法の成立以降、近代的国土保全事業が本格的に始まり、森林はようやく回復に向かうことになった。しかしながらいくつかの戦争もあって、顕著な回復は太平洋戦争終戦後、二〇世紀後半以降にもち越された(**図8-1**)。

以来六〇年余を経過して、現在日本の森林蓄積量(幹の体積の総量)は、それが最も少なかった時期にくらべて優に三倍以上に回復している。このことから、流域によっては森林蓄積の変化がもっと著しい場合もかなり存在していると推測できる。また、ハゲ山流域では森林蓄積が増加する前にまず地表植生が回復し、水文学的には浸透能が回復するステージがあったはずで、このとき森林の洪水緩和機能は大幅に復活したと思われる。

じつは江戸時代後期以降、森林面積の国土面積に占める割合（森林率）はほとんど変化していない。しかし明治時代中期に一〇数パーセントあった荒廃地がほぼ消滅して森林化した。その面積が、人々が認識している下流平地での森林の縮小面積（→耕地化→都市化）と相殺されて森林率はほとんど変化していないのである。一方でその時々に森林とみなされていた地域内の蓄積の合計は改善されて、森林は量的に豊かになったといえるだろう。

その結果、表面侵食はほぼ消滅し、表層崩壊も大幅に減少している。そのため、深層崩壊の発生確率は変化していないのに、見かけ上は深層崩壊が増加しているようにみえる。また、これまでの土石流の大半は表層崩壊が集中して土石流化するタイプのものであったので、土石流の発生件数も減少しているはずである（太田、二〇一二）。

このような日本の森林の変遷のなかで森林の水源涵養機能にかかわる諸議論を位置づけてみると、熊沢蕃山ら儒学者たちが「治山治水」を呼びかけたのは森林の荒廃が全国的に激化した時代であり、岡山県下でため池の水量を維持するために森林は有益であるかどうかを論じ合ったいわゆる平田・山本論争は森林の荒廃が頂点に達していた時代といえる。また、**図8−1**を見ると、高度経済成長とともにさかんになった全国の河川での巨大ダムの建設ラッシュの時代は森林が急速に回復しはじめた時代、そして緑のダム論争の時代は森林の蓄積が相当程度回復した時代といえるだろう。したがって今後の森林の変化に関しては、森林率の大幅な増加が見込めないことを前提とすれば、蓄積がどこまで増加するか、質的にどこまで豊かになるかが焦点になるだろう。

近年の緑のダムの意味の広がり

「緑のダム」がダム建設反対運動という社会問題のなかでキーワードとなり、さらに「コンクリートのダムより緑のダム」などといわれて政治問題のキーワードとなった背景には、森林の水源涵養機能を象徴する言葉としての緑のダムの内容を超えた付加的な意味が加わっているように思われる。それは、コンクリートのダムすなわち物質文明社会の対極に位置すると考えられている自然共生社会を象徴する言葉、あるいは、森林がエコ社会をもたらしてくれるという持続可能な社会への期待を含んだ言葉とも受け取れる。

この点では、東日本大震災の後、防潮堤や防波堤が破壊された無残な姿を見ての物質文明に対する懸念や、福島第一原子力発電所による過酷な事故を経験しての先端科学技術への不安を払拭する社会としての自然共生社会の意義がますます高まっているなかで、緑のダムの機能には水源涵養機能のほか、生物多様性保全機能や一般的な自然環境保全機能までも含むものとして使われることも社会的には意味があるように思われる。

一方、ダムの是非に関しては、水資源利用面あるいは洪水調節面でダム機能の利用がまだ十分でない地域が存在するとして積極的にダム建設を期待する意見は別として、ダム建設に反対する意見には、河川の自然生態系保全機能や生物多様性保全機能を重視して原則的にいっさいのダムを否定する意見から、これまでのダム建設は容認するが、ダムのマイナス面を考慮して今後のダム建設はほぼ中止すべきであるとする意見まであるように思われる。

もちろんこれらの意見は明確に分けられるわけではなく、水供給面などで人類社会に不可欠な施設としてのダムの必要性と、環境保全面でのダムの短所とのトレードオフ関係をどのあたりでバランスさせるかという選択の問題である。

筆者は人類圏以外の生物圏と規定できる森林以外の地域として河川、湖沼、汽水域、沿岸陸海域などを「自然域」と称して、このような地域でも森林と人間の関係に関する「森林の原理」と同様に環境原理と利用原理をバランスよく発揮させるべきだと主張してきた（これらは本来一体的に管理すべきだとして、国土交通省水管理・国土保全局、林野庁、環境省自然環境局の統合を主張している）。ここで「森林の原理」とは、森林の多面的機能を主に環境保全機能と呼ばれるものと文化機能と呼ばれるもの、さらに木材を主とした林産物を利用する機能に三区分したとき、森林の存在を前提とした前者の機能（環境原理・文化原理）と森林の伐採を前提とした後者の機能（物質利用原理）とは相容れないようにみえるが、この双方を持続可能に発揮させることが森林管理の原則であるとするものである（太田、二〇〇五)。

この脈絡から、一般論としては流れを遮断するダムはできるかぎり少ないほうがよく、水需要や洪水防止に関する将来展望をふまえた必要最小限のものを維持し、河川の多面的機能を総合的に発揮させ得るようにその施設を改善し、運用効率を上げるべきだと考えている。場合によっては既設のダムの撤去も必要であろう。

日本人がイメージする理想の森林と現実とのギャップ

持続可能な社会、特に自然共生社会では森林の環境保全機能の発揮が不可欠であり、森林の保全、なかでも生物多様性保全の観点から、原生林あるいは自然林の保全を望む声が大きい。

一方で現代の日本人は森林を理想の土地利用だと思っているふしがあり、それぞれが無意識のうちに理想の森林像を抱いているように思う。それは生物多様性の豊かな原生林だったり、持続可能な里山の森だったり、整然と育つスギ・ヒノキの人工林だったりするが、ともかくそれらの理想の森に欠点はなく、掛け値なしに森はよいものと決めつけ、人々は森からほとんど無限ともいえる恩恵を被っていると信じているようである。

森林管理や治山・砂防にかかわってきた者としてそのような森への期待はありがたいが、その原因を推測すれば、以下のような事情があろう。

まず日本人は儒学者の熊沢蕃山らが治山治水の思想を唱えて以降、森は洪水や土砂災害を防ぐから伐ってはいけない、木を植えましょうと三〇〇年以上も諭しつづけられた。近年になると生態学者が森の魅力を語るとともに、森の開発に反対する「自然保護運動」が人々の共感を得た。また、日本人の祖先は縄文の豊かな森で暮らしていたと教えられた。現代も美しい森の写真が身の周りにあふれ、森林地域を中核とした世界自然遺産の指定があり、マスコミが森の大切さを説いている。さらに美しい森づくり運動が展開され、CSR活動（企業の社会的責任を果たすための活動）に植林が多く取り上げられている。こうした状況から日本人は誰もがそれぞれ理想の森をイメージするようになったものと思われる。そして、理想の森と現実の森とを比較して、奥山が荒れている、里山が荒れている、人工林が荒れているといっているようにも思う。しかしながら、現実の林地に足を踏み入れたことは一度もない人がほとんどだろう。

一方で森林の機能に限界があることを表明するのを、森林・林業関係者は避けたがる傾向がある。それは、おそらく人々が森林を理想のものと信じている潮流に乗って森林・林業界がそれぞれの施策を展開しているため、限界を表明すればそのぶんだけ評価が下がることを恐れているためと想像している。

しかし、個々の機能を科学的に分析し、その限界を知ることも森林の適切な管理、すなわち森林の合理的な保全と利用のためには不可欠である。筆者がかかわった東日本大震災後の東北地方での海岸防災林の再生に関する検討会では、海岸林の津波に抵抗する能力の限界を見きわめたうえで改めてその減災効果を評価し、海岸防災林は津波災害に対する多重防御の一つとなり得ると結論づけられた。

海岸林にはこのほかにも強風や塩害、飛砂などから内陸を守る防災機能や砂浜海岸の生物多様性保全機能、保健・レクリエーション機能などさまざまな機能があるが、物理的評価や貨幣評価などの定量的評価が困難な機能も含まれる。それらの機能もその一つひとつには限界があり決して万全ではないが、総合的にはきわめて大きな便益を私たちに与えている。それが森林の最大の長所である。

これからの緑のダムの新しい考え方

筆者は「緑のダム」を考える場合、森林の水源涵養機能の問題にしぼって考えることにしてきた。また前述したように、森林の多面的機能を考えるさいは、森林の多面的機能の一つひとつには限界があることをわきまえることが大切であると思っている。したがって、個々の機能は控えめに評価することを原則としてきた。一方で、総合的には森林はきわめて有益であると思っている。森林の大切さを説明するさいも私自身はそのような対応をしてきたつもりである。

一方、持続可能な社会を具体的に構成するとされる三つの〝社会〟のうち、自然共生社会に貢献する森林の管理は「森林の原理」にもとづいて行えばよいと思っている。それは生物多様性保全や国土保全などの環境保全機能を重視する管理である。そのさい、適切な森林管理を推進する方法として、FSC（森林管理協議会）などの森林認証制度を利用することも有効であろう。

また、低炭素社会、循環型社会に貢献する森林管理の原則を示すものとして、筆者は二〇〇四年に

「新しい森林の原理」を提案した。その趣旨は、森林の多面的機能を持続可能な形で発揮させることを条件に、木材をできるかぎり多く使用していわゆる代替材（地下資源起源の原材料）の使用を減らしていくことが特に低炭素社会では不可欠であり、それは二〇〇〇年にもわたって森を使って社会や文化を発展させてきた日本人の使命でもあるというものである（太田、二〇一四）。

考えてみれば前者では森は生物多様性を担う生物の貯蔵庫であり、後者では炭素の貯蔵庫である。貯蔵は利用のためにある。前者では多くの多面的機能が利用でき、後者ではカーボン・ニュートラルな木材が利用できる。これらを国連ミレニアム生態系評価でクローズアップされた言葉で言いかえれば生態系サービスを受けることである。したがって、この意味での緑のダムは持続可能な社会のために不可欠なダムである。

引用文献

太田猛彦　二〇〇五　森林の原理　木平勇吉編著　森林の機能と評価　日本林業調査会
太田猛彦　二〇一二　森林飽和――国土の変貌を考える　NHK出版
太田猛彦　二〇一四「森林飽和」時代の森林の管理と利用　森林環境二〇一四　森林文化協会
林野庁　二〇一二　平成二三年度森林・林業白書

多様な主体による森林管理と地域づくり

茅野恒秀

「緑のダム」という考え方は、森林の機能の一端に焦点をあてたものである。私たちは森林に、「緑のダム」の機能だけでなく、木材を生産する機能を見出したり、風景を生かした観光やレクリエーションの機能を見出したりする。また森林で採れるきのこや山菜の恩恵にあずかったり、野生生物の生息地としての機能を尊重したり、地球温暖化が叫ばれる昨今は二酸化炭素を吸収する機能を期待したりもする。

このように森林の機能は多様で、しかもそれらが時間軸や範囲のとり方によって折り重なるので、多元的でもある。したがって、見方を変えれば、「緑のダム」という機能のあり方をつきつめると、やがて森林が有する機能の全体像はどうあるべきなのかを考えることになる。それは、地域にとっての森林の存在価値そのものをとらえ返すことにほかならない。

水源の森を守る住民運動の実った先

新潟県との県境に接した群馬県みなかみ町新治《にいはる》地区に「赤谷《あかや》の森」と呼ばれる森林（国有林）がある。利根川の支流、赤谷川の源流にあたるこの森林では、「生物多様性復元」と「持続的な地域づくり」を目標に、地域住民、自然保護団体、林野庁など多様な主体による活動が行われている（茅野、二〇〇九a：二〇一四）。

きっかけは、今から四半世紀ほど前に、地域の上水道の水源となっていた森林を開発から守ろうと立ち上がった地域住民たちの存在だった。リゾート開発ブームに乗って、大手ディベロッパーが新治村（当時、二〇〇五年にみなかみ町に合併）北部の国有林にスキー場を建設する計画を立てた。しかし一九九〇年、地域住民らが「新治村の自然を守る会」を結成して、計画の再考を求めたのである。「守る会」が再考を求めた理由は、開発予定地の森林が水源涵養保安林に指定され、村の水道施設が、開発予定の森林を水源とする沢から取水を行っていたためであった。「守る会」は沢の水質調査や、日本自然保護協会と共同で動植物の調査を行い、絶滅危惧種のクマタカやイヌワシの生息地となっていることを明らかにした（新治村の自然を守る会・日本自然保護協会、一九九九）。同じ時期、赤谷川上流部に新たにダムを建設する計画もあったが、スキー場建設計画は景気の悪化によって事業者が撤退、ダム計画も公共事業見直しの機運によって、ともに二〇〇〇年に中止となった。

住民運動にかかわった村民には、「スキー場から水源を守る活動をしてきたが、地域振興に反対する運動ではなくて、この地域を将来にわたっていい状態にしたいという思いから始めた[*1]」という動機があった。水源の森を守る住民たちの運動が実った先は、森林の多様な機能を総合的に高め、それを地域づくりにつなげていこうという取り組みだった。

赤谷プロジェクトの発足

「新治村の自然を守る会」は開発計画の中止を見届けて解散したが、その活動を支援していた日本自然保護協会が、元「守る会」メンバーらと、地域の国有林を管理する林野庁関東森林管理局に行った提案をきっかけに、この森を生物多様性保全のモデル地域とし、その成果を持続的な地域づくりにつなげていくための協議の場が設けられた。二〇〇三年に数度の準備会合を経て、「三国山地／赤谷川・生物多様性復元計画」（通称「赤谷プロジェクト」）と命名された。二〇〇四年三月に、関東森林管理局と日本自然保護協会、地域住民によって新たに設立された「赤谷プロジェクト地域協議会」（会員数約五〇人）がプロジェクトの推進に関する協定を締結した。

協定に明記された目的は、「国有林の生物多様性を科学的根拠をもって確保しつつ、その優れた自然を損わぬように活用していく地域作りを進めるため、これに必要な調査研究、環境教育、森林整備などの活動を行う」というものである（協定第一条より）。この協定にもとづいて、赤谷プロジェクト地域協議会、林野庁関東森林管理局、日本自然保護協会は「赤谷の森」を共同で管理している。

「赤谷の森」は約一万ヘクタール（一〇キロメートル四方）の国有林で、ほぼ全域が上信越高原国立公園に指定されている。ブナ・ミズナラ林が広がるが、一九六〇年代から本格化した拡大造林政策によって、全体の約三割にあたる約二九〇〇ヘクタールがスギ、カラマツなど人工林になっている。上杉謙信によって整備され、のちに江戸と越後を結ぶ主要街道となった三国街道が森の南端から北西へ抜け、現在は旧街道にそって国道一七号線が整備されている。また、江戸時代には採草地や薪山として住民に利用された記録が残っている（新治村誌編さん委員会編、二〇〇九）。

赤谷プロジェクトの具体的な取り組み

小流域ごとの特性と森林史にあわせたゾーニング

赤谷プロジェクトの構想を練るなかで、関係者はプロジェクトの目指す方向について協議するとともに、「赤谷の森」の望ましい将来像について意見交換を行った。「生物多様性復元」といっても、一万ヘクタールの森林すべてを原生的な状態にもどすということではない。人々の暮らしも視野に入れなければ、持続的な地域づくりには結びつかない。その結果、「赤谷の森」を、六つのエリアに分け、管理目標のイメージを合意した（**図9-1、表9-1**）。

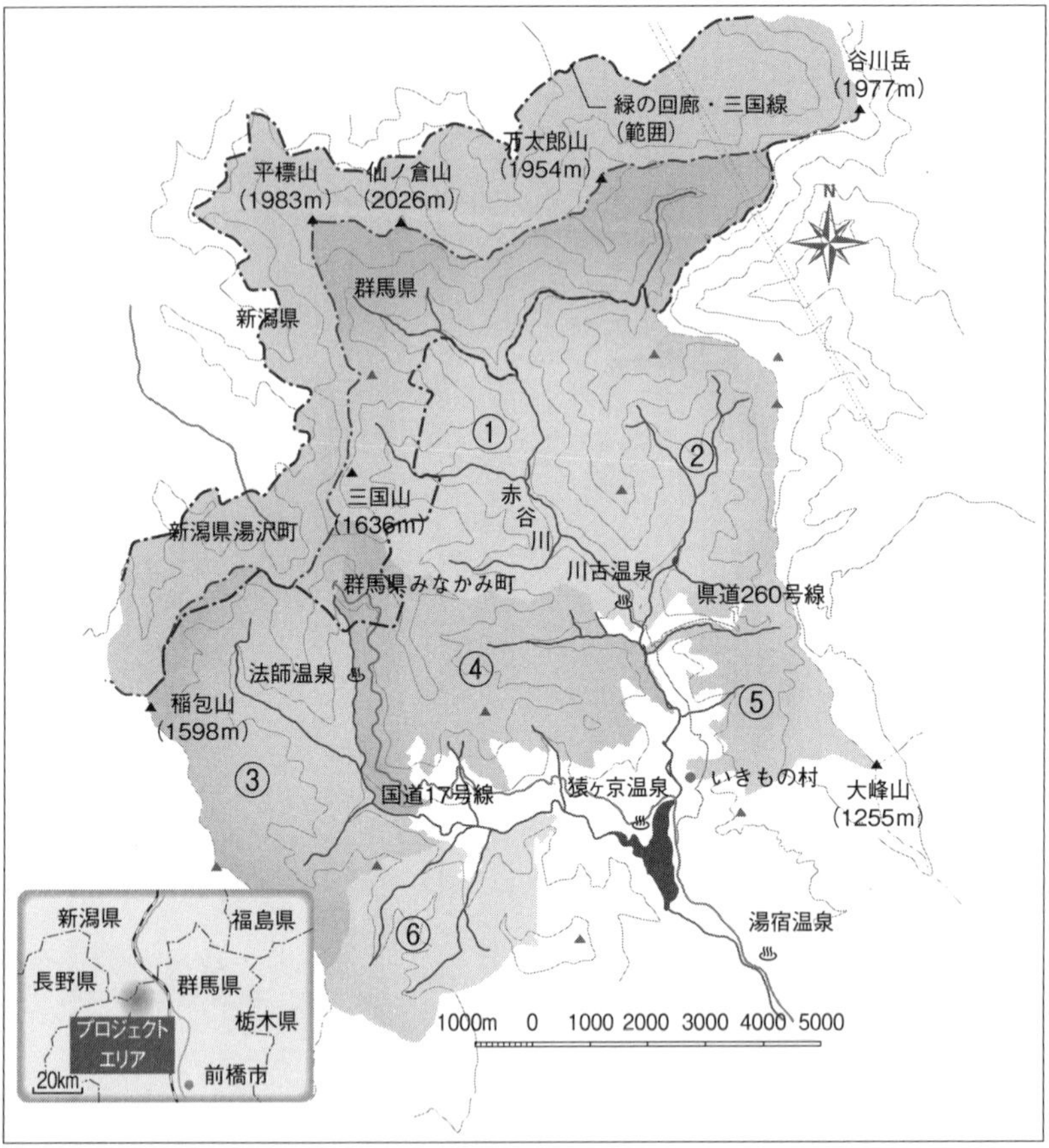

図9-1　「赤谷の森」の地図（赤谷プロジェクトHPより）
新潟県との県境から麓の集落までの標高差は1,400mに及ぶ。

表9-1 「赤谷の森」のエリア区分と中心的機能

①赤谷源流エリア	巨木の自然林の復元とイヌワシの営巣環境保全
②小出俣エリア	植生管理と環境教育のための研究や教材開発と実践
③法師沢・ムタコ沢エリア	水源の森の機能回復
④旧三国街道エリア	旧街道を理想的な自然観察路とするための森づくりと茂倉沢での渓流環境復元
⑤仏岩エリア	伝統的な木の文化と生活にかかわる森林利用の研究と技術継承
⑥合瀬谷エリア	実験的な、新時代の人工林管理の研究と実践

森の現状把握と新たな手法による生物多様性復元

プロジェクトがまず着手したのは、長期にわたる森林の生態系管理に必要な現状評価であった。研究者やサポーターの協力を得て、森林植生の分布・生育状況、大型猛禽類や哺乳類の生息分布状況などを把握した。また、全国各地でシカが生息域を拡大し、植生に影響を与えていることが問題となっているが、「赤谷の森」では、大型哺乳類による植生の摂食はまだ深刻な状況にはないことが確認できた。一方、拡大造林の前には山奥でしか見ることのなかったニホンザルが農作物被害を発生させたり、単一樹種・同一樹齢の人工林や治山ダムが、生態系の分断を引き起こし、生物多様性の劣化のリスク要因となっていることなどの課題が浮かびあがった。

そこで、現状評価と並行して、本来あるべき自然林や渓流の生物多様性を保全・復元するための事業に積極的に取り組んでいる。森林では、人工林を自然林に誘導するための施業を二〇〇四年に開始した。全国を見わたしても、人工林を自然林に復元するための施業方法は確立していない（森林総合研究所四国支所、二〇一二）。このため、列状間伐や小面積皆伐など、周辺自然林からの種子散布が

写真9-1　自然林復元試験地
2006年にカラマツ林の小面積皆伐を実施した試験地。植栽せず、天然更新による自然林の回復過程をモニタリングしている。

促進される伐採方法を何パターンも試行して、どのような条件によって自然林への効果的な誘導が可能となるか、技術試験とモニタリングを展開している（Nagaike *et al.*, 2012）（**写真9―1**）。

また、赤谷川支流の茂倉沢では画期的な治山事業に着手している。茂倉沢では、戦前から戦中にかけて大規模な伐採が行われ、戦後、本支流あわせて一七基の治山ダムが建設された。山崩れによる災害を防ぐ治山事業の社会的必要性は高かったと考えられるが、治山の専門家を交えた委員会で検討した結果、周囲の森林が育ち、流域の土砂生産が安定傾向にあると評価できたため、二〇〇九年の秋、生物多様性復元を目的として、幅二八メートル、堤高九メートルのダム一基の中央部を基礎から撤去した（田米開・茅野、二〇〇八：茅野、二〇〇九b：高橋・井口、二〇一二）。従来、環境配慮のためにダムにスリットを設けたり、堰堤を低くする工事は行われていたが、基礎まで取り除くのは全国で初めての試みであった（**写真9－2**）。

これら生物多様性復元の取り組みは、事業の前後や途中段階でのモニタリング結果を検証しながら、取り得る最適な方策を選択する「順応的管理」の考え方を用いている（Armitage *et al.*, 2007）。

持続的な地域づくりとの接点を豊富にする

このような森の自然性を向上させる過程で、さまざまな形で地域づくりへの接続が試みられている。旧三国街道ぞいには、ブナなどの自然林だけでなく、江戸時代の参勤交代のにぎわいを思い起こさせるさまざまな史跡が残る。これらを観光資源としてPRする取り組みの一環で、二〇一三年には、みなかみ町観光協会の協力を得て、ルート図に、季節ごとの自然の魅力や観察のポイントなどを親しみやすいイラストで紹介したマップを制作した。このマップは観光客に配布されるだけでなく、地元の観光業関係者がエコツーリズムの担い手となるための学習会に活用されている。

地区の上水道の水源で、水源の森としての機能回復を進めるとしたムタコ沢では、住民が中心となって、沢ぞいに植えられたカラマツ林の除伐や、沢の水質・土壌動物の調査、自然観察会などを実施し、地域の子どもたちも参加している。また、プロジェクトのため、多くの研究者がみなかみ町を訪れるが、彼らはときにセミナーや「akayaカフェ」と呼ばれる場で、森や研究対象の生物について、地域住民と

写真9-2　治山ダム撤去前・撤去後
撤去前（上）と中央部撤去後（下）の治山ダム。重機による取り壊しから完工までの期間は１カ月ほどであった。

語らい、交流を行う。

二〇一三年には新たな試みを開始した。みなかみ町新治地区には、昭和三〇年頃に開業した木製カスタネット製造業者があり、かつて日本全国で大きなシェアを誇り、地場産業の一翼を担っていた。業者は群馬、新潟両県を中心に木材を調達しており、「赤谷の森」からもブナを調達していたという。しかし近年は、国産の広葉樹が調達できなくなり、代替の北米産材もしだいに調達が難しくなっていた。カスタネット製造に必要な木材量はそう多いものではない。[*2] これを受けて、「赤谷の森」で人工林の間伐や送電線の維持管理のさい、支障木として伐採されたブナ材が地元の林産会社を通じて業者に供給され、数十年ぶりに、「赤谷の森」から得られた木材を用いたカスタネットが製造されたのである。このカスタネットは、赤谷プロジェクトと地元の協働による森の恵みを実感できる地場産品として、その価値が広まることが期待されている。

このように、赤谷プロジェクトでは、いわゆる自然再生の取り組みが、地域再生と連動した理念のもとで行われている。

多様な主体による協働と森林計画による制度的担保

順応的管理にもとづく生物多様性復元や、先に挙げたカスタネットの例のような地元の少量の木材需要への柔軟な対応は、長年、合理化を進めてきた国有林では、特に困難と思われてきた。なぜ、このよ

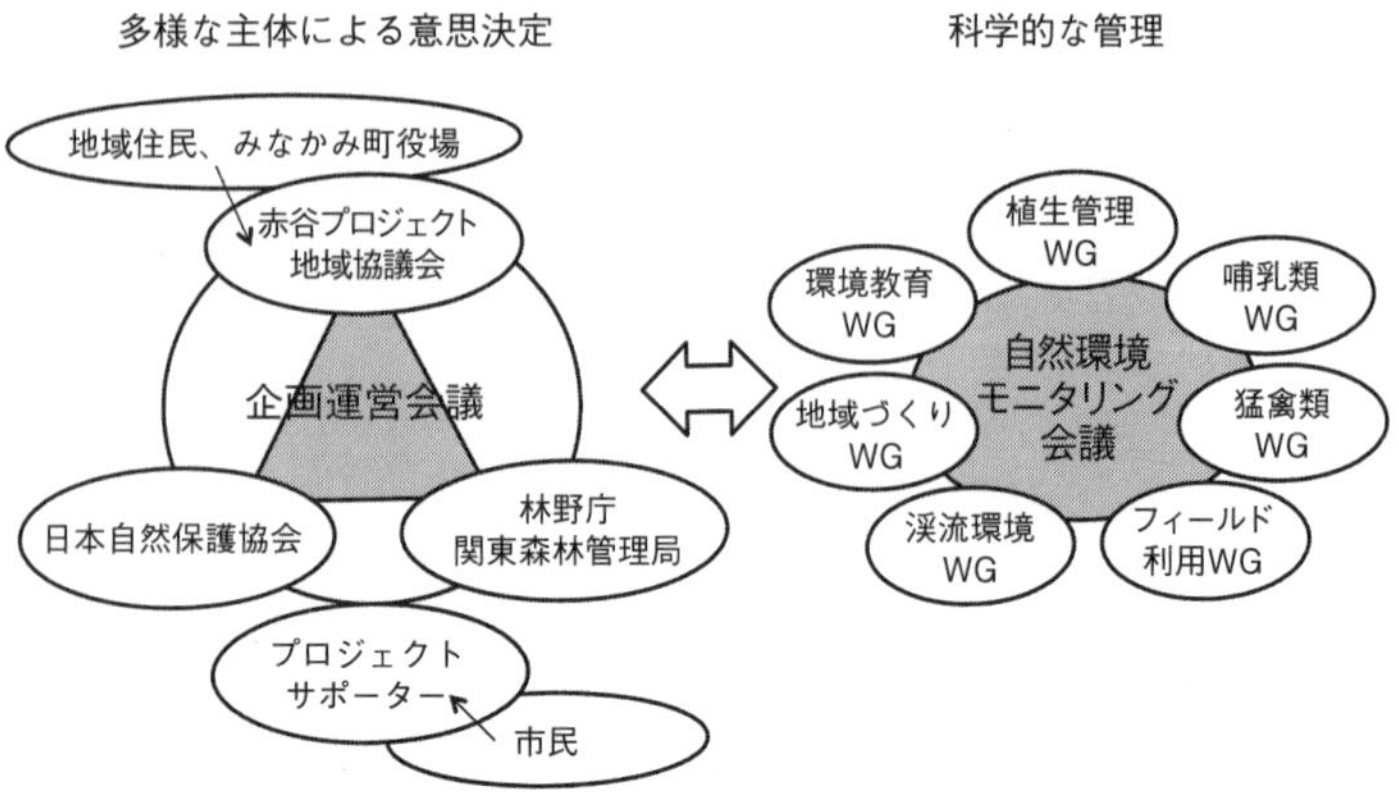

図9-2　赤谷プロジェクトの取り組み体制
多様な主体による意思決定と科学的な管理体制が対をなす。

うな取り組みが可能となったのか。その鍵は、赤谷プロジェクトに参画する多様な主体の「協働」にある（図9−2）。

赤谷プロジェクトの事業や「赤谷の森」の管理方針は、年二回開催される「企画運営会議」を経て決定する。この会議には、赤谷プロジェクト地域協議会、関東森林管理局、日本自然保護協会がそれぞれ企画を提案し、調整・合意が図られる。地域協議会には住民が参加し、町役場や観光協会とも連携して運営される。また、プロジェクトはボランタリーな立場で活動に参画する人々を、「サポーター」として登録している。

この意思決定の仕組みとあわせて、「赤谷の森」の科学的な管理を進めるため、専門家で構成される「自然環境モニタリング会議」と、それに連なる七つのワーキンググループ（WG）が設置されている。WGには専門家に加え、協定にかかわる三団体や町役場、サポーターが参加し、個別の課題ごとに協働の取り組みを進める場となっている。

こうした意思決定の仕組みのもと、原則としてすべてのプログラムが関係者の協力のもとに行われる。筆者は、発足当初から二〇一〇年まで、七年間にわたってプロジェクトの総合事務局を務めた。そこで常に心がけていたのは、「協働」が会議での意見交換など形だけにとどまらず、関係者に共通の行動規範として浸透するための工夫であった。

たとえば、赤谷プロジェクトの発足にあわせて設立された赤谷森林ふれあい推進センターの職員は、地域協議会会員やサポーターとともに、日本自然保護協会が中心となって計画する動植物のモニタリング調査の一員となる。地域協議会や赤谷森林ふれあい推進センターが企画した自然観察会や水源の森での森林整備や水質・環境調査などでは、日本自然保護協会や自然環境モニタリング会議・WGの専門家などが講師を担当する。プロジェクト関係者は、「赤谷の森」で何らかの取り組みを行うさい、必ず企画運営会議・調整会議やWGの場にそれらを提案し、ほかの主体と協力し合うことによって相乗効果を生み出せるよう、活動の進め方から相談を行う。このような日々の協働が、お互いのコミュニケーションの基盤となる共通認識をつくり出す。プロジェクトの取り組みを自らのものとして経験し、実感することができなければ、森林の多様な機能を総合的に高め、それを地域づくりにつなげるという、複雑なプログラムの処方箋はつくれない。

しかしながら、関係者のコミュニケーションが濃密になればなるほど、その継続は担当者の交代によって困難に直面しかねないことも事実である。これに対して、赤谷プロジェクト推進の協定には、関東森林管理局が、法律にもとづいて五年ごとに定める国有林野の地域管理経営計画などに赤谷プロジェクトの成果を反映させることが明記された。この仕組みを活用して、赤谷プロジェクトでは、五年に一度の森林計画策定の機会に、目標とする森林の将来像にあわせてプロジェクトが取り組むべき課題群や、森林管理の方針などを協働で作成し、計画に盛りこんでいる。[*3] 二〇一一年には、「水源涵養機能の向上」を含む六つの課題を明記し、二九〇〇ヘクタールあるスギやカラマツなどの人工林の、三分の二（約二〇〇〇ヘクタール）を、自然林に誘導するとした、全国初の生物多様性保全型の管理計画を策定した。[*4]

二〇一四年三月、赤谷プロジェクトは第一期協定[*5]を締結して一〇年の節目を迎えた。[*6] この間、赤谷プロジェクトに続いて各地の国有林で、規模の大小はあるが、生物多様性を取りもどすために多様な主体が協定などで連携するプロジェクトが開始されている。赤谷プロジェクトの運営から導き出されたノウハウやエッセンスが、各地の国有林管理の標準モデルとなる日も、そう遠くないかもしれない。

生物多様性復元と持続的な地域づくり、そして「緑のダム」を含む森林の多様な機能を総合的に高めていくための具体的な取り組みは、まだ緒についたばかりであり、目標の達成には、少なくとも一〇〇年以上の取り組みが必要である。長期にわたって「協働」を維持しつづけていくには、多くの困難が待ちかまえているが、地域にとっての森林の存在価値をとらえ直し、その価値を地域社会の持続性に巧みに接続していくことこそ重要である。

＊1――二〇〇三年五月二七日、「(仮称) 三国プロジェクト」第二回準備会議における元新治村の自然を守る会事務局長・岡田洋一の発言。

＊2――二〇一三年四月に筆者が新治地区でカスタネット製造業を営んでいる冨澤健一に行った聞き取りによれば、近年の必要量は年間三〇立方メートルほどであった。

＊3――このような森林計画の策定過程は、柿澤宏昭が『エコシステムマネジメント』(二〇〇〇、築地書館) で日本に紹介した「エコシステムマネジメント」の手法に近い。

＊4――林野庁関東森林管理局「赤谷の森管理経営計画書」http://www.rinya.maff.go.jp/kanto/akaya_fc/keikakusyo.html (二〇一四年一月三一日取得)

＊5――二〇〇四年三月に締結した第一期協定 (二〇一一年三月まで) に続き、二〇一一年三月には、新たに一〇年を期限とする第二期協定を締結した。

＊6――一〇年の節目を期に、二〇一三年六月、「赤谷プロジェクトの歩み　第一期」がまとめられている。http://www.nacsj.or.jp/akaya/ap_ayumi.html (二〇一四年一月三一日取得)

引用文献

赤谷プロジェクト　赤谷の森　http://www.nacsj.or.jp/akaya/akf_index.html (二〇一四年一月三一日取得)

Armitage, D., Berkes, F. & Doubledau, N. eds. 2007. *Adaptive Co-Management*. UBC Press.

茅野恒秀　二〇〇九a　プロジェクト・マネジメントと環境社会学――環境社会学は組織者になれるか、再論　環境社会学研究　一五：二五―三八頁

茅野恒秀　二〇〇九b　協働による渓流環境の復元の試み――赤谷プロジェクトにおける新たな治山事業　土木学会誌九四(七)：二二―二四頁

茅野恒秀　二〇一四　環境政策と環境運動の社会学　ハーベスト社

Nagaike, T. *et al*. 2012. Interactive influences of distance from seed source and management practices on tree species

composition in conifer plantations. *Forest Ecology and Management*, 283: 48-55.
新治村の自然を守る会・日本自然保護協会　一九九九　イヌワシ・クマタカの子育てが続く自然を守る――群馬県新治村・三国山系大型猛禽類生息状況報告　日本自然保護協会
新治村誌編さん委員会編　二〇〇九　新治村誌通史編　みなかみ町
森林総合研究所四国支所　二〇一二　広葉樹林化ハンドブック二〇一二――人工林を広葉樹林へと誘導するために　森林総合研究所四国支所
高橋剛一郎・井口英道　二〇一二　渓流環境の復元を目的に加えた治山事業の計画と施工――茂倉沢における試み　砂防学会誌：新砂防　六四（五）：二四―三二頁
田米開隆男・茅野恒秀　二〇〇八　赤谷の森で始まる渓流修復計画　自然保護　五〇二：二―三頁

緑のダムを支える森林環境税の成果と課題

石倉　研

「緑のダム」保全の財源確保という課題

森林が有する多面的機能のうち、水源涵養機能は「緑のダム」として認識されている。森林は私たちの生活に不可欠な水を支えていることになるが、今日では森林の荒廃が問題となっており、緑のダムの保全のためにも、何かしらの政策が求められている。しかし、現実的には財政的に厳しい自治体が増えているなかで、どのように緑のダム保全政策の財源を確保していくかは課題である。

そのようななか、近年、森林保全を目的として、森林環境税の導入が全国的に広がっている。これは、緑のダムを支えていくうえで、税を政策手段として活用している点が新しく、地方分権が進むなかで誕生したものである。森林環境税とは一体どのようなものなのか。本稿では、森林環境税の考え方や課題について論じていくが、具体的な事例として神奈川県を取り上げる。全国で最初の森林環境税構想は神奈川県で生まれた。その神奈川県の取り組みから森林環境税がどういうものかを具体的に紹介する。

留意しておきたいのは、森林保全と緑のダムの保全は、対象としている多面的機能が異なるということである。前者は森林のもつ多面的機能全般に、後者は水源涵養機能に着目している。実際には多面的機能は不可分なものだが、政策的にはどの機能に着目するかによって制度設計が異なってくる。本稿では、森林保全を緑のダムの保全を含むものとして用いる。

水源林保全のための財源調達と森林環境税

森林のもつ水源涵養機能に着目して森林を水源林としてとらえ、その維持管理に携わる動きは、かなり前から行われている。良質で安心、安定した水を求めようと、下流地域が上流地域にかかわっていく場合が多い。たとえば日本で初めて近代水道を敷設した横浜市では、上流の山梨県道志《どうし》村に水源林を所有し、水源涵養機能を維持していくために森林の手入れを行っている。水道水源保全に関する水源林の取得・管理状況を網羅的に調査した五名（二〇〇五）によると、全国各地で水道事業者や地方自治体などが歴史的に水源地域の環境保全に取り組んできている。また、水源林の取得・管理のための資金源として、基金を設けているところも多数みられる（五名・蔵治、二〇〇六）。なかでも愛知県豊田市は、水道使用量一立方メートルにつき一円を水道料金に上乗せして水道水源保全基金に積み立てを行う方法を採用していて、水道事業者が水道料金に上乗せして費用を調達する仕組みの発祥として知られる。上流地域の水源涵養機能から便益を得ている下流地域が、受益者負担にもとづき費用を負担するという考え方である。

これらは地方自治体レベルでの取り組みだが、国レベルでは一九八五年に林野庁から水源税構想、建設省（現・国土交通省）から流水占用料構想が出された。翌一九八六年には、両者をあわせ、水道使用量一立方メートル当たり二・五円を上乗せする森林・河川緊急整備税の創設が目指された。森林の手入れ不足から生じる森林の多面的機能の低下を問題とし、森林整備に必要な財源調達手段として、水の利用者に負担を求めたものである。しかし、産業界や水道事業者、また大蔵省や通商産業省、厚生省などから強い反対を受けた結果、実現されることはなく、現在においても国レベルでの水源税は導入されていない。

他方、地方分権化の流れのなか、課税自主権の拡大にともなって、地方独自の税制度が誕生している。二〇〇三年に高知県で導入された森林環境税もその一つであり、同様の税制度の導入は二〇一四年四月時点で三四県にまで広がっている（**表10-1**）。

森林環境税というのは総称として用いられているもので、実際の名称は導入自治体によってさまざまである。これらは制度的には、おおむね五年ごとに見直しを行う点、県民税の超過課税[*1]方式で導入されている点、使途を明確化するために税収を基金に繰り入れている点などが共通している。その使途も自治体により森林整備や担い手育成、普及啓発活動、市民団体の支援など異なるが、基本的には森林保全

表10-1　森林環境税の一覧

地方自治体	税名称（通称）	導入時期	超課税率			税収規模
			個人県民税		法人県民税	
			均等割	所得割	均等割	
高知県	森林環境税	2003年度	500円	—	500円	1.7億円
岡山県	おかやま森づくり県民税	2004年度	500円	—	5%	5.6億円
鳥取県	森林環境保全税	2005年度	300円	—	3%	0.9億円
		2008年度	500円	—	5%	1.8億円
鹿児島県	鹿児島県森林環境税	2005年度	500円	—	5%	4.2億円
島根県	水と緑の森づくり税	2005年度	500円	—	5%	2.1億円
愛媛県	愛媛県森林環境税	2005年度	500円	—	5%	3.6億円
		2010年度	700円	—	7%	5.4億円
山口県	やまぐち森林づくり県民税	2005年度	500円	—	5%	3.8億円
熊本県	熊本県水とみどりの森づくり税	2005年度	500円	—	5%	4.8億円
福島県	福島県森林環境税	2006年度	1000円	—	10%	10.0億円
兵庫県	県民緑税	2006年度	800円	—	10%	24.0億円
奈良県	奈良県森林環境税	2006年度	500円	—	5%	3.0億円
大分県	森林環境税	2006年度	500円	—	5%	3.2億円
滋賀県	琵琶湖森林づくり県民税	2006年度	800円	—	11%	6.0億円
岩手県	いわての森林づくり県民税	2006年度	1000円	—	10%	7.0億円
静岡県	森林（もり）づくり県民税	2006年度	400円	—	5%	9.0億円
宮崎県	宮崎県森林環境税	2006年度	500円	—	5%	2.8億円
神奈川県	水源環境保全税	2007年度	300円	0.025%	—	39.0億円
和歌山県	紀の国森づくり税	2007年度	500円	—	5%	2.7億円
富山県	水と緑の森づくり税	2007年度	500円	—	5%	3.5億円
山形県	やまがた緑環境税	2007年度	1000円	—	10%	6.4億円
石川県	いしかわ森林環境税	2007年度	500円	—	5%	3.7億円
広島県	ひろしまの森づくり県民税	2007年度	500円	—	5%	8.3億円
長崎県	ながさき森林環境税	2007年度	500円	—	5%	3.7億円
福岡県	福岡県森林環境税	2008年度	500円	—	5%	13.0億円
栃木県	とちぎの元気な森づくり県民税	2008年度	700円	—	7%	8.0億円
秋田県	秋田県水と緑の森づくり税	2008年度	800円	—	8%	4.8億円
佐賀県	佐賀県森林環境税	2008年度	500円	—	5%	2.3億円
長野県	長野県森林づくり県民税	2008年度	500円	—	5%	6.8億円
茨城県	森林湖沼環境税	2008年度	1000円	—	10%	16.0億円
愛知県	あいち森と緑づくり税	2009年度	500円	—	5%	22.0億円
宮城県	みやぎ環境税	2011年度	1200円	—	10%	16.0億円
山梨県	森林環境税	2012年度	500円	—	5%	2.7億円
岐阜県	清流の国ぎふ森林・環境税	2012年度	1000円	—	10%	12.0億円
三重県	みえ森と緑の県民税	2014年度	1000円	—	10%	10.6億円

にかかわる施策のために活用されている。つまり、森林のもつ多面的機能を維持するために導入されたものといえる。ただし、兵庫県と愛知県では都市緑化に、宮城県では低炭素社会構築に向けた取り組みとして太陽光発電への設置補助などにも税収が用いられている。

このように森林環境税は、県民税の超過課税方式で導入されているため、既存の税負担以上のものを住民に求めることになる。そのため、標準的なサービス水準を超える施策に対して新たな税を負担してもいいという住民の合意が支える税制であると解釈される（金澤、二〇〇七）。これは、「参加型税制」とも呼ばれており、高知県の森林環境税創設に関与していた京都大学の植田和弘が、神奈川県の水源環境税をテーマにしたシンポジウムで初めて提唱した概念である。植田（二〇〇三）によれば、「参加型税制」は「税制の決定とその政策的活用が住民参加のもとで進められなければならない」とされ、住民への意識啓発も含めた意義を有している。特に早い段階から水源環境税の導入を議論していた神奈川県では、参加型税制のモデルとしてその中核を担う組織である県民会議が設けられている（詳細は本書、内山佳美の節を参照）。しかしながら、すべての導入自治体において「参加型税制」としての役割が発揮されているかどうかは注意が必要である。最初に森林環境税を導入した高知県においても、二〇〇三年度からの第一期は「参加型税制」の考え方が強調されていたが、二〇〇八年度からの第二期になると、森林環境税の規定から「参加型税制」の用語が外れた（沼尾、二〇一〇）。「参加型税制」とは一体何なのか、改めてその評価が問われ、議論すべき時期にきていると考えられる。

神奈川県の「緑のダム」保全に向けた取り組み

もともと森林環境税の構想は、神奈川県で考えられた「生活環境税制」の一つである水源環境税構想が発祥といわれている。神奈川県は、県独自の森林管理の取り組みを進めるなかで、費用負担方法を模索してきた歴史をもつ。

神奈川県において「緑のダム」の保全に関する政策は、財源調達の方法に着目すると、次の三つの時期に分けることができる。①自主財源を主に活用して独自の政策を展開していた時期、②水道料金への上乗せで財源調達を行った水源の森林づくり事業が開始された一九九七年度以降の時期、③新税として水源環境保全税（一六七頁参照）を導入した二〇〇七年度以降の時期、である。

まず①の時期についてみると、戦後の工業発展のなか、神奈川県では急激な都市化が進み、森林の他用途転用とともに林業従事者の都市部流出が進行していた。県はこうした問題に対応しながら、独自の政策を行ってきた。その中身は、国庫補助をともなわない県独自の事業が占める割合が高く、財源として主に一般財源や地方債を活用して政策を進めていた（景谷、一九八七）。

一九七〇年代以降になると、行政担当者が有識者らとの協議を重ね、森林管理に関する費用負担のあり方を検討しはじめている（石崎、二〇一〇）。たとえば、神奈川県農政部林務課が一九七七年にまとめた「森林のはたらきと水――森林造成維持のための社会的費用負担問題」では、神奈川県内の水道事業者に対して、一立方メートル当たり二円の負担を求め、これを基金として積み立てて森林管理を行うことが試案として示されている。また、一九八二年に有識者らによる議論の積み重ねを受けてまとめられた「林政懇話会報告書」では、受益者負担によって森林の生み出す公益に対する支払いが行われることへの県民の合意を得ることが重要であると指摘されている。受益者負担の考え方にもとづいて、新たに森林管理のための財源調達を行うことは、一九九七年の水源の森林づくり事業まで待たねばならないが、そのベースとなる考え方は、早い時期に生まれていた。

②は、水源の森林づくり事業が開始された一九九七年度からにあたる。水源の森林づくり事業は、一九九五年から一九九六年の渇水を契機として取り組まれることとなった、大規模な水源林整備事業である。城山ダム、宮ヶ瀬ダム、三保ダムの上流地域を中心とした森林を水源の森林エリア（六万一五五五ヘクタール）と定め、その中にある私有林四万六一二ヘクタールのうち、特に手入れの必要な二万七〇〇〇ヘクタールに対して整備を実施するものである（図10−1）。

この事業では、水の利用者を受益者としてとらえ、水道料金に上乗せをして事業に必要な費用の一部を調達することになった。そこでは、神奈川県営水道がほかの県内水道事業者に先駆けて毎年五億円を拠出していた。この額は、一九九七年度の水道料金改定にあわせて料金に含められ、一世帯当たり年間約三〇〇円の負担となった。県営水道同様にダム水を利用している横浜市や川崎市、横須賀市をはじめ、県内のほかの水道事業者に対しても同等の負担を求めたが、同意は得られず、県営水道を利用する県民の三割のみが負担をしつづけることになった。水源を共通とする流域全体での負担とはならなかったのである。

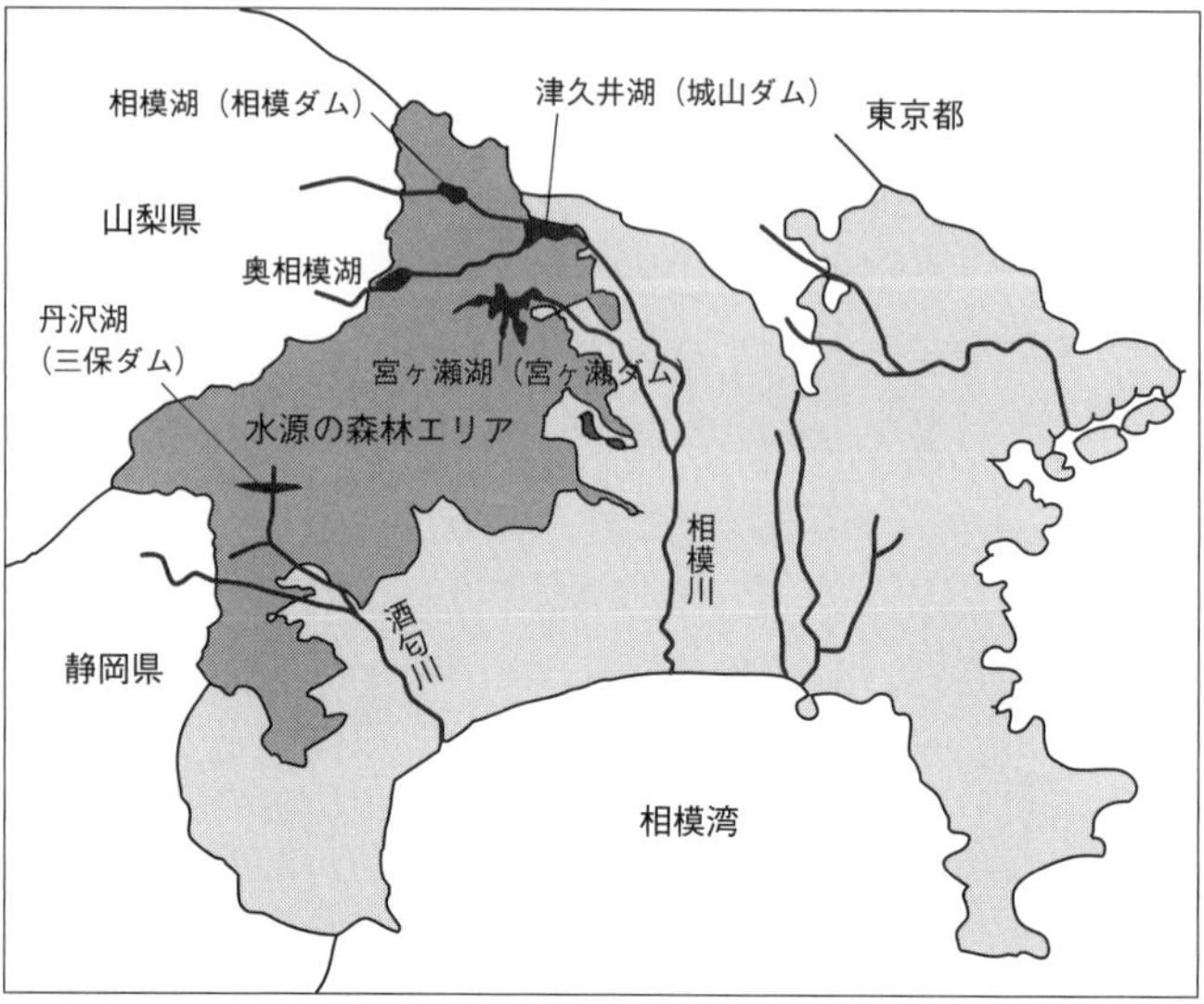

図10-1　水源の森林エリア（神奈川県HP「水源の森林づくり事業について」より）

③は、二〇〇七年度に水源環境保全税が導入された以降の時期である。水源環境保全・再生施策の実施のために導入されたこの新税は、個人県民税の均等割に三〇〇円、所得割に〇・〇二五パーセントを上乗せするもので、納税者一人当たりの年間平均負担額は約八九〇円、年間約三九億円の税収規模となっている。均等割に加えて、所得割に上乗せをしているのは唯一神奈川県のみだが、これは受益と負担の関係を明確にするために、水の使用量に応じた費用負担にこだわったためである。どういうことかというと、当初は水道料金の上乗せで、事業に必要な財源を調達しようとしたが、徴税コストが高くなることや水道事業者の賛同が得られなかったことから、次善の策として超過課税方式が採用された。そのさい水の使用量と所得に一定の相関関係があ

ることから、所得を代替指標として用いることで、水の使用量に近似するような制度設計を行ったものである（清水、二〇〇九）。

一方で、他県とは異なり、法人県民税への上乗せは実施しておらず、法人は費用負担の構造の中に入っていない。代わりに、法人に対しては「森林再生パートナー制度」や「水源林パートナー制度」として寄付を募り、ネーミングライツの契約締結や、CO_2吸収量算定書の発行を行っている。二〇一三年一二月の時点では四五の企業・団体が参加しており、一定の成果をあげているが、今後さらなる拡大が望まれる。

支出面での特徴としては、水源環境の保全・再生に焦点をあてて、多様な施策を実施している点が挙げられる。水源環境の保全・再生とは、森林保全や水源林保全を含む、より広い意味合いの環境保全を表し、ダムや水源地域の生活排水など、多面的機能以外も視野に入れた言葉である。その理念は、「河川の県外上流域から下流まで、河川や地下水脈の全流域、さらには水の利用関係で結ばれた都市地域を含めた地域全体（水の共同利用圏域）で、自然が持つ健全な水循環機能の保全・再生」（神奈川県、二〇〇五）であり、総合的な取り組みが不可欠となる。そのため、神奈川県では上流の山梨県においても事業を実施しているが、このような新税の使い方はほかの導入自治体ではみられない。神奈川県の流域単位での政策を体現したものといえる。

これまでに二〇〇七年度から二〇一一年度の第一期で約一九〇億円が水源環境保全・再生施策に拠出され、二〇一二年度からの第二期でも同程度の規模で取り組みが進められている。この取り組みがどのような効果をもたらすのか、自然科学的な知見をまじえて学際的に評価する必要がある。また、行政側が積極的に情報公開を行いながら、地域住民への説明責任を果たしていくことが重要となるだろう。

森林環境税の成果と課題

ここまで、森林環境税についての基本を確認しながら、神奈川県の具体的な取り組みを紹介してきた。最後に、森林環境税の成果と課題についてまとめておきたい。

森林環境税は、財源調達を企図して導入された地方独自の政策課税である。それは、国に先んじて地方で導入されたもので、費用負担のあり方を模索しながら成立したものである。その意味では政策実験的な側面も有しているが、導入過程の議論を通じて地域の森林に対する理解が深まることや、地方独自の税制度の構築は地方自治の面からは望ましい。

一方で、森林環境税の導入後も、神奈川県以外では森林・林業関連予算が減少傾向にある(石崎、二〇一二)。確かに神奈川県は約三九億円の税収を確保しているが、ほかの自治体は一億円から多くても二〇億円規模の税収にとどまっており、財源調達手段としては不十分なところが多いのが現状である。実際に「都道府県決算状況調」から、森林・林業関連予算に当たる林業費を見てみると、たとえば高知県では、森林環境税導入前の二〇〇二年度に二二八億円だった林業費は、二〇一二年度には一六七億円にまで減少している。二〇〇二年度の高知県の財政規模が五五二七億円、二〇一二年度が四二五九億円であることから、県財政そのものが縮小傾向にあり、そのようななかで森林・林業関連予算も減少されていることになる。つまり、財源調達手段として導入されてはいるものの、その役割を十分に果たしているとはいいきれない。森林に恵まれた自治体ほど人口が少ないため、県民税の超過課税方式では財源を確保しにくいのである。そのため、森林環境税の制度の見直しも含めて、ほかの政策手段を活用しながら、いかに財源を確保していくかが重要となる。

森林環境税は一つの地方自治体内で財源を確保するやり方だが、国と地方自治体、または地方自治体間での財政移転も財源確保の方法として挙げられる。国から地方自治体への「垂直的な」財政移転として、緑のダムの保全に寄与するような国庫補助事業の拡充や、「森林交付税」[*2]のようなものの実現も考えられる。また地方自治体間の「水平的な」財政移転として、すでに述べた流域内における下流から上流への支払いや、都市農村間での財政移転なども ある。近年では財政学の観点からの研究も蓄積されているが（諸富・沼尾編、二〇一二）、今後もさらに研究を進めていくことが必要である。

なお、本稿ではふれていないが、市場を活用する試みとして、生態系サービス支払い[*3]（吉田、二〇一三）や、緑の募金などの寄付も緑のダムを支えるうえで有効な手段となる。こうした何かしらの支払いを生かして、緑のダムを保全していくことが今後も求められるだろう。

＊1――**超過課税**　地方自治体が、通常徴収する標準税率を上回って税を徴収すること。
＊2――**森林交付税**　一九九一年に和歌山県本宮町長であった中山喜弘が提唱したもので、森林面積に応じた交付金を地

方自治体に拠出すること。

＊3——生態系サービス支払い　(Payment for Ecosystem (Environmental) Services: PES)　市場メカニズムを活用して、生態系サービスの供給者に受益者が行う支払いのこと。

引用文献

五名美江　二〇〇五　水道水源保全に関する水源林の取得・管理状況について　水利科学　二八三：一―三五頁
五名美江・蔵治光一郎　二〇〇六　水源林の取得・管理のための水源基金の設置について　水利科学　二八九：六一―八八頁
石崎涼子　二〇一〇　水源林保全における費用分担の系譜からみた森林環境税　水利科学　五四（五）：四六―六五頁
石崎涼子　二〇一二　森林政策における政府間財政関係　諸富徹・沼尾波子編　水と森の財政学　日本経済評論社　一七―四二頁
景谷峰雄　一九八七　大都市圏における森林政策＝神奈川県　船越昭治編　地方林政と林業財政　農林統計協会　一七四―一九九頁
神奈川県　二〇〇五　かながわ水源環境保全・再生施策大綱
神奈川県　二〇一三　水源の森林づくり事業について　http://www.pref.kanagawa.jp/cnt/p20728.html（二〇一四年六月一日取得）
金澤史男　二〇〇七　地方新税の動向と地方環境税の可能性　地方税　四：二―六頁
諸富徹・沼尾波子編　二〇一二　水と森の財政学　日本経済評論社
沼尾波子　二〇一〇　自治体の独自課税を通じた森林保全の財源調達とその課題　日本大学経済学部経済科学研究所紀要　四〇：一〇九―一一九頁
清水雅貴　二〇〇九　森林・水源環境税の政策手段分析　諸富徹編　環境政策のポリシー・ミックス　ミネルヴァ書房　二四五―二六一頁

植田和弘　二〇〇三　環境資産マネジメントと参加型税制　地方税　三：二―六頁
吉田謙太郎　二〇一三　生物多様性と生態系サービスの経済学　昭和堂

神奈川県の参加型税制、順応的管理による緑のダムの保全

内山佳美

神奈川県を流れる相模川、酒匂川《さかわがわ》の二つの大きな河川は、県西部の丹沢山地をはじめとして富士山東麓を源流としている（図11–1）。この二つの河川は、九〇〇万人を超える神奈川県民の飲み水を賄う貴重な水源である。ここには、相模ダムをはじめ四つの貯水ダムが整備され、近年は水不足に悩まされることもなくなっている。一方、近年になって、人工林の手入れ不足やニホンジカの採食による林床植生の衰退、ダム湖の水質など、水源環境の新たな課題も顕在化している（神奈川県、二〇〇五ａ）。

そこで、神奈川県は水源地域全体の総合的な環境対策を進めるため、二〇〇五年度に二〇年間の全体計画と五年間の実行計画を策定した。ねらいは、将来にわたって県民が良質な水を安定的に確保できるよう、水源地域の環境を良好な状態に再生することであり、特に森林では、降った雨が地中にしみこんでゆっくり河川に流出する緑のダムとしての働きを保全・再生することである。その財源は、二〇〇七

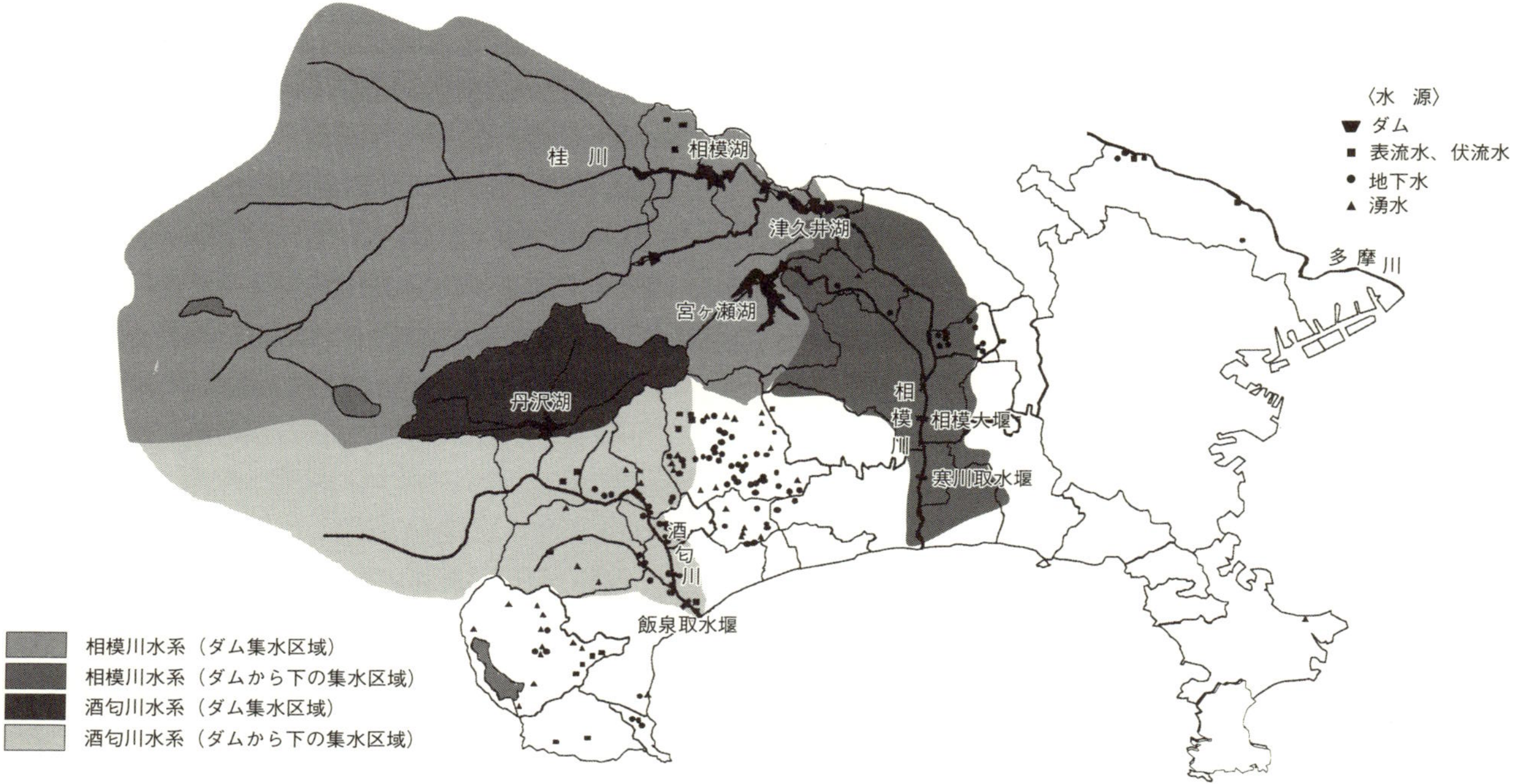

図11-1　神奈川県の上水道水源の概況（神奈川県HP「かながわ水源環境保全・再生施策大綱」より）
相模川水系には、３つの貯水ダムがあり、その集水域は山梨県の桂川流域を含む。酒匂川水系には、貯水ダム１つと下流に取水堰があり、その集水域は静岡県内の一部を含む。これらの集水域の周辺に点在する地下水などの水道水源も含め水源地域となっている。

年度から神奈川県が導入した地方独自財源であり、水源地域と都市部の水を介した上下流のつながりに着目した「水源環境保全税*」である。

このような新税の導入は全国各地で進められており、森林づくりや普及啓発事業が行われている。神奈川県の特徴は、水源環境に焦点をあてて県外上流域も含めた森林や河川、地下水などの流域全体を取り組みの対象にしていること、また、水源環境を保全するための新たな仕組みづくりにも取り組んでいることである。その新たな仕組みとは、「参加型税制」と「順応的管理」である。

本稿では、実践段階にある神奈川県の緑のダムの保全・再生対策について、参加型税制や順応的管理といった仕組みに焦点をあてて、行政のなかで実務に携わる者の視点から取り組みを紹介したい。

なぜ参加型税制、順応的管理なのか

参加型税制とは、税の負担だけでなく事業の計画・実行・評価・見直しのすべての段階に県民が参加する仕組みである。新税による水源環境の質的改善は、既存の財源による水資源開発などに加えて、水源環境の保全・再生のために充実・強化して取り組むべき特別の対策である。このような新税の前提には、行政が一方的に政策を決定するのではなく、県民の意思を基盤とすることで成り立つ「生活環境税制」の考え方がある（神奈川県地方税制等研究会、二〇〇三a）。このため、二〇〇六年度までの新税創設に向けた検討の過程でも、県民へのアンケート調査や県民と行政の対話の場が数多く設けられてきた。

順応的管理とは、現地の対策と並行して科学的な追跡調査を行い、その結果を次の対策に反映させていく自然環境管理の手法である。たとえば、行政が道路や施設を建設すれば、市民は直ちにその便益を受けることができる。しかし、自然環境の問題は複数の要因がからみ合い、すべてを科学的に解明することが難しく、その対策には不確実性をともなう（羽山、二〇一二）。そこで、仮説にもとづく対策と科学的調査による検証を繰り返し、新たな知見も取り入れながら柔軟に軌道修正して目標に近づけていく方法が有効となる。もとより、得られた科学的データは、県民の参加により政策を決定するさいの客観的な判断材料としても欠かせない。二〇〇三年に神奈川県地方税制等研究会がまとめた水源環境保全・再生のための具体策のなかでは、このような順応的管理の仕組みをつくることが提案され（神奈川県地方税制等研究会、二〇〇三b）、二〇〇五年度に県が策定した新税による水源環境保全・再生対策の全体計画や実行計画に盛りこまれた。

参加型税制の中核を担う県民会議の活動

参加型税制の中核を担うのが二〇〇七年度の新税創設とともに発足した「水源環境保全・再生かながわ県民会議」である。県民会議の役割は、新税による事業の内容と成果を県民目線でチェックして評価すること、それらを幅広く県民に伝えること、さらには市民団体への活動支援である。これらを実際どのように進めるかは、県民会議のなかで手さぐりの検討と実践が重ねられてきた。県から独立した機関ではないものの、これまでの行政にありがちな会議室での検討だけではなく、県民会議が自ら活動することに重点が置かれている。

二〇一三年度において、県民会議は総勢二四名、各専門分野の有識者、各関係団体、一般公募による委員で構成される。県民会議のなかには有識者を中心とした二つの専門委員会と公募委員を中心とした三つの作業チームが設置されている（図11-2）。これらの専門委員会と作業チームには、事業評価や情報発信などそれぞれの役割が割り振られている。

参加型税制を実現するためには、広く県民全体がかかわっていく必要がある。しかし、県民の大部分が県東部を中心とした都市部に住んでいることもあり、必ずしも多くの県民が県西部の水源地域に関心をもっているとはいいがたい。

そこで、県民会議はイベント形式の県民フォーラムを毎年県内の各地域で開催している。都市部では上下流の連携のあり方、水源地域では地域の課題に取り組む市民団体の活動報告など開催する地域に応じたテーマを毎回設定し、情報発信やアンケートによる県民意見の把握、水源環境の保全にかかわる県民や市民団体相互の交流などを図っている。県民フォーラムなどのイベントで配布するリーフレットも、二〇一二年度には、県民会議が独自に編集・発行した。このほかの広報活動として、県民会議は事業の実施されている現場に行って県民目線で事業をチェックするとともに、事業担当者との意見交換もふまえて感想や意見をニュースレターにまとめて情報発信している。

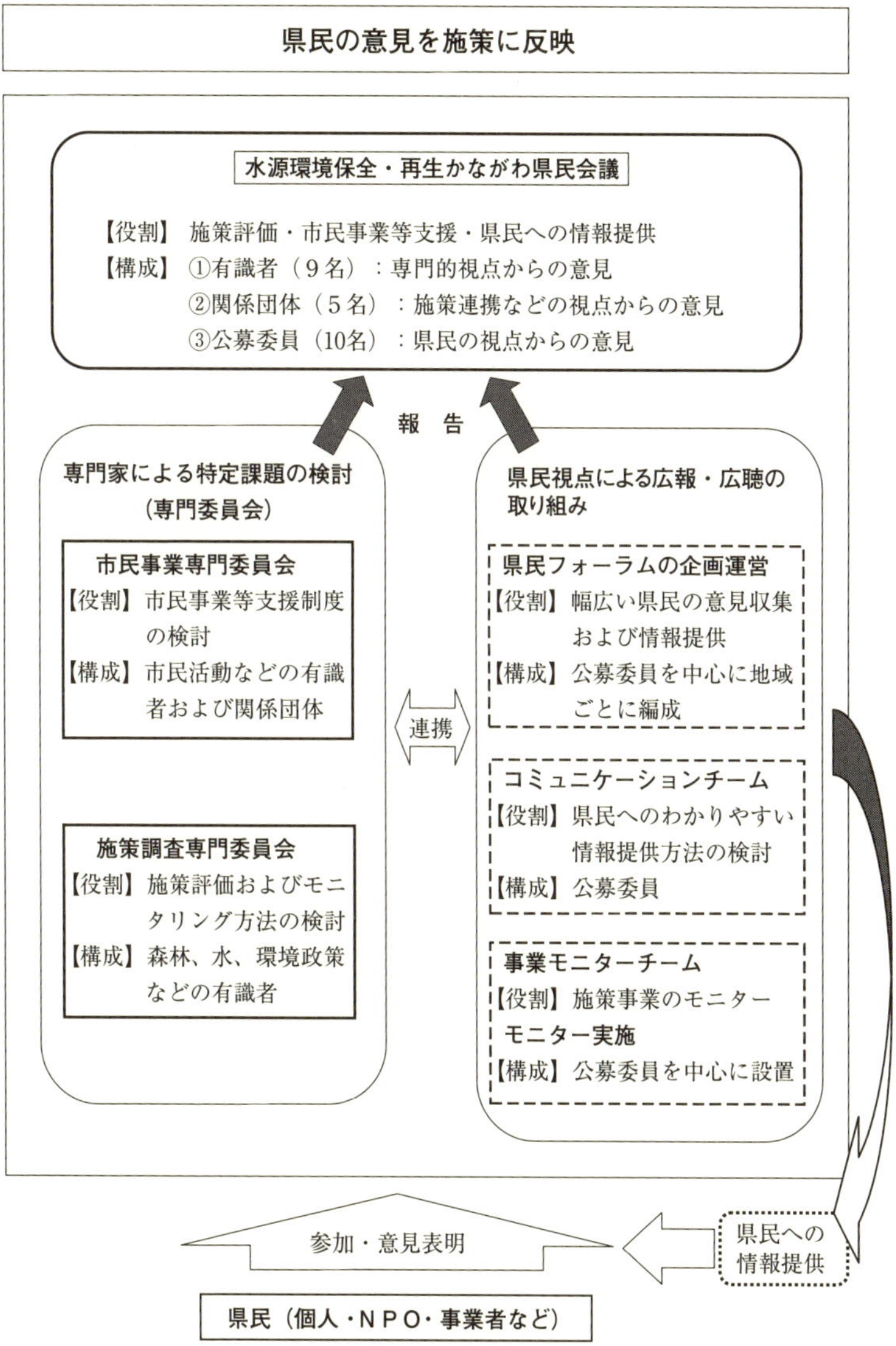

図11-2　水源環境保全・再生かながわ県民会議の仕組み
（神奈川県HP「かながわの水源環境の保全・再生をめざして」を一部改変）

また、県民会議は市民団体が行う水源環境保全・再生に関する取り組みに対して、活動経費の一部を支援している。二〇〇八年度から一件当たり年間二〇万〜一〇〇万円、支援団体は毎年二〇団体を超える。支援対象となる活動には、間伐などの森林づくりだけでなく、調査研究や普及啓発も含まれる。県民会議は制度設計や応募された活動の審査に加えて、運用実績をふまえた制度の評価も行っており、この評価結果から制度の見直しも随時行っている。

このような情報発信や市民団体の支援に加え、参加型税制に欠かせないのが後述する県民会議による事業の評価である。これは、県民会議のなかでも有識者を中心とした専門委員会が主導している。

順応的管理による事業推進と県民会議による評価の仕組み

新税は実行計画にある一二の事業に使われている。このうち、九つの事業が森林や河川などの現場で行われる各種対策であり、残りの三つの事業が参加型税制や順応的管理などの仕組みづくりである（図11−3）。各種対策のうち、森林では林床植生の回復や土壌の保全をねらいとして五つの事業が行われている。仕組みづくりには、県民会議の活動や専門家との協働による科学的調査などが含まれる。このように事業の実施と科学的な調査、それを評価する県民会議の活動が一連のものとして組みこまれている。

県は事業の実績や追跡調査の結果を毎年県民会議に報告している。県民会議はそれを受けて事業のチェックを行い、その結果を報告書として毎年取りまとめている。さらに、五年ごとの実行計画の見直し

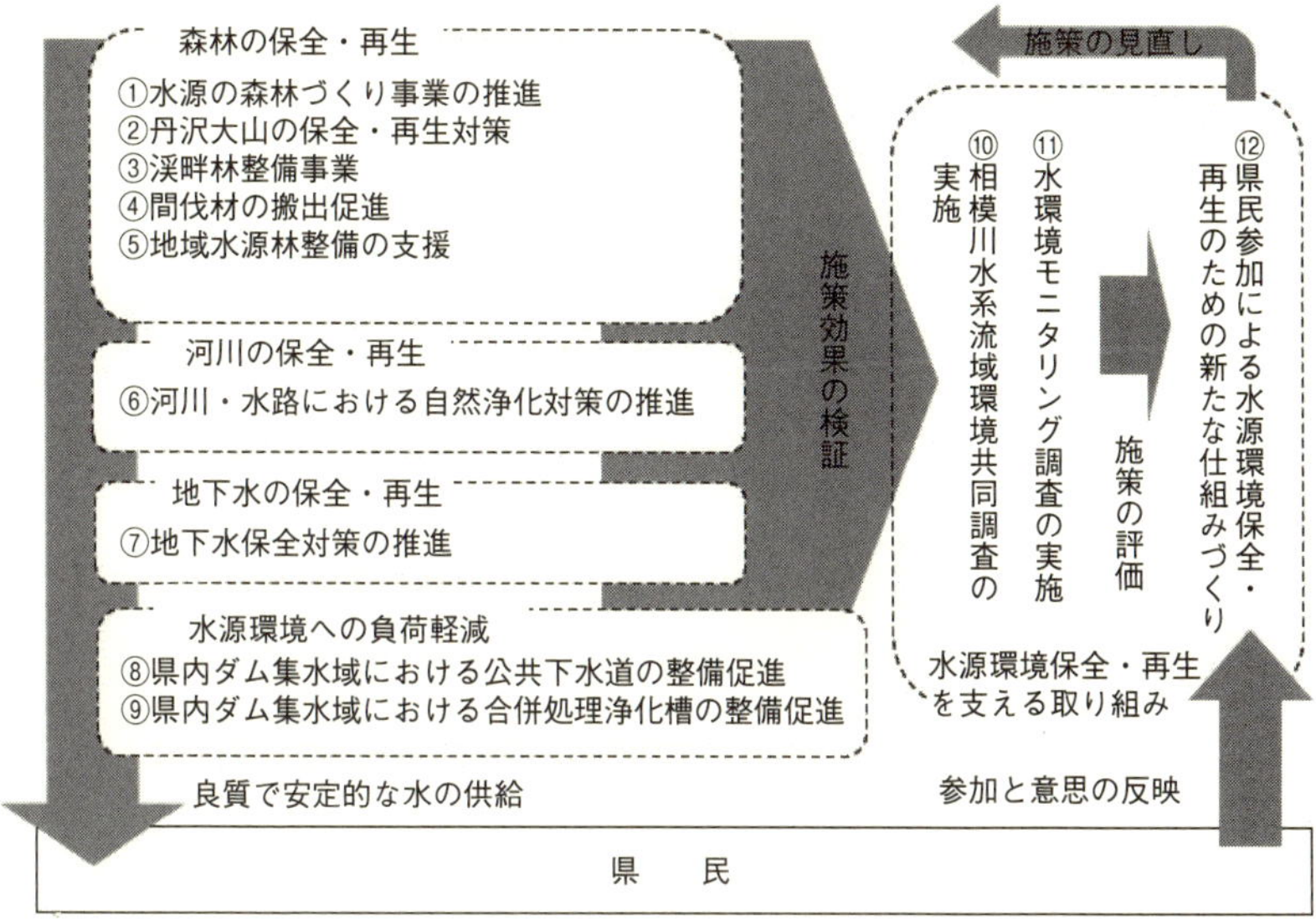

図11-3　かながわ水源環境保全・再生実行５か年計画の12事業（神奈川県HP「かながわ水源環境保全・再生実行５か年計画」より）
各事業の規模はまちまちであるが、中心となるのが私有林を対象に間伐などを行う「①水源の森林づくり事業」である。①〜⑨までの事業が県内水源地域で行われる各種対策、⑩は山梨県内での対策の推進、⑪は専門家との協働による事業効果の検証、⑫には県民会議の活動が含まれる。

のさいには、年度ごとの報告書をふまえた意見書を県民会議が取りまとめて県に提出している。

事業の評価方法は、事業の実績数量だけでなく成果に関する指標でも評価するという方針から、**図11―4**に示した流れとなっている。事業の前提としての仮説は、石川ら（二〇〇七a）や恩田編（二〇〇八）の科学的知見をふまえて、間伐や土壌保全対策によって林床植生の回復や土壌の保全が図られ、それが下流への水流出の安定や水の濁りの改善につながると整理された。これにもとづき、第一段階では事業を行った場所の森林の状態がどう変化したか、第二段階では流域スケールの視点から

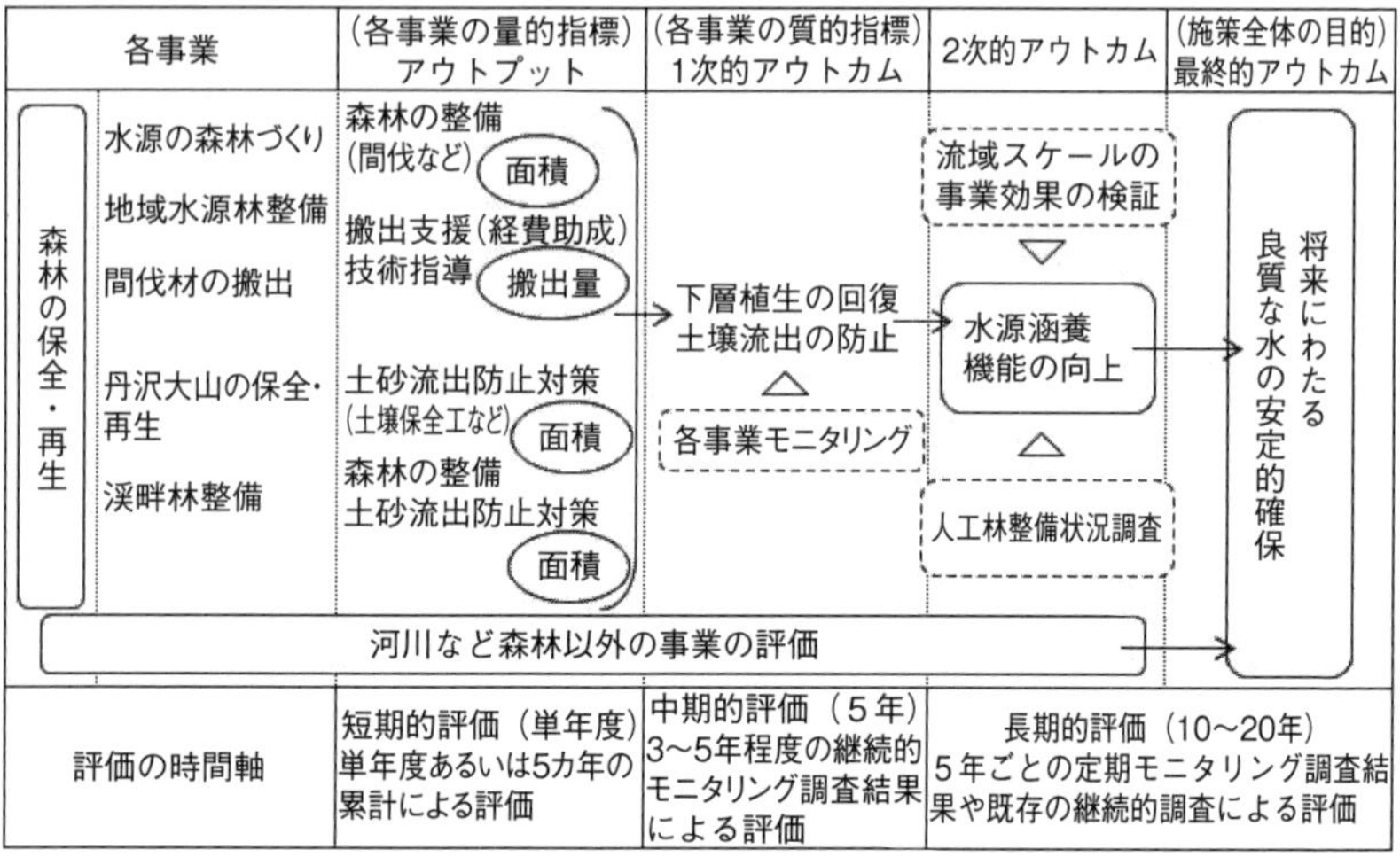

図11-4　水源環境保全・再生のための各事業の評価の流れ（水源環境保全・再生かながわ県民会議、2013）
県民会議で整理された評価の流れについて、森林の事業を中心に示した。

集水区域の森林の変化が下流への水や土砂の流出にどう影響したかが検証される。最終的には河川なども含めて水系全体として評価される仕組みである。

自然環境の問題は複数の要因が関連するため、特に事業の評価・見直しの段階では、事業単位にとどまらず総合的に評価して見直しを図っていく必要がある。そうすることで、事業相互の重みづけの修正などの柔軟な見直しが可能となり、目標を共有する複数の事業をより効果的に進めることができる。一例を挙げると、第二期の実行計画から新たにニホンジカの保護管理にも新税が投入され、森林整備と一体的に推進されている。これは、間伐などの事業による林床植生の回復効果には、ニホンジカによる採食が予想以上に負の影響を及ぼすことが明らかになったためである（山根、二〇一二）。

追跡調査の経年の結果がそろってくるのはこれからであり、総合的な事業の検証・評価の実践もまさにこれからとなる。今後は、調査を行いデータを所有する県と評価を行う県民会議とで、ある程度の試行錯誤をしながら評価を進めることになるだろう。

科学的調査と一体となった事業の推進

森林で行われる事業のうち「丹沢大山の保全・再生対策」に含まれる土壌保全対策では、順応的管理により事業を進めるため、特に事業の立ち上げ段階から科学的調査と一体的に取り組まれてきた。

丹沢山地の東部に位置する堂平地区は、丹沢大山国定公園の特別保護地区に指定されブナなどの自然林が広がる。しかし林の中では、高密度に生息するニホンジカの採食によって林床の植生は消失してしまった。裸地化した斜面では降った雨が地中に浸透しにくくなり、発生した表面流によって年間で平均二~九ミリの厚さの土壌の流出が観測された（石川ら、二〇〇七a）。この土壌侵食量はハゲ山と同程度ともいえ、二〇〇四年には緊急に対策をとるよう各方面から県に要望が寄せられた。

堂平地区では、当時すでにニホンジカから植生を守る小区画のフェンスを設置して林床植生を回復させる対策とニホンジカを捕獲する対策が始まっていたが、これらは効果が現れるまでに時間がかかる。そこで県は、二〇〇五年から緊急に土壌を保全する新たな対策に着手した。

専門家による実態調査にもとづき、県の研究部門が主導して県の事業部門と専門家、市民団体の代表者が一堂に会して対策手法を検討した。その結果、林床植生の被覆率と落葉の堆積量が土壌侵食量と関係していたことから（石川ら、二〇〇七a）、高木層のブナから毎年供給される落葉に着目し、林床植生がないと風雨によって簡単に流されてしまう落葉を、工作物により翌年の秋まで地表にとどめることで、土壌侵食が軽減されると予想した。

写真11-1 新税によって施工された土壌保全工の例（上：施工直後、下：施工翌年）
ブナ林で落葉をとどめることで土壌の流出を防ぐ対策の一例であり、天然繊維のネットをのり巻き状に丸め、等高線上に置き、丸太の杭で固定したものである。現地の斜面の微地形などに応じて要所要所に配置している。

検討された原案をもとに、二〇〇五年の秋に県の事業部門が試験的にいくつかの工作物を設置し、研究者による詳細な検証が行われた。一年間の追跡調査で工作物の土壌侵食軽減効果が確認され（石川ら、二〇〇七b）、二〇〇七年度から丹沢山地のブナ林を中心として新税による本格的な事業が展開されている（**写真11－1**）。

現在行われている追跡調査は、専門家による試験施工地の詳細な検証、事業部門による事業施工地での五年ごとの簡易な調査であり、県は、得られたデータから対策の効果を説明するとともに、対策手法の改善につなげている。なお、初期の調査や検討で得られた知見は、研究部門が普及資料としてまとめ（神奈川県自然環境保全センター、二〇〇八）、他事業にも活用されつつある。

専門家と行政の協働による流域スケールの事業効果の検証

水源環境の観点から流域スケールで森林の事業の効果を検証するために、県は対照流域法と呼ばれる流域試験を開始している（内山ら、二〇一三）。これは、事業を実施する小流域と実施しない小流域を一組の試験流域として隣接地に設け、森林の状態の変化と流域からの水や土砂の流出の差異を継続して調べて事業を実施した効果を把握するものである。このような試験流域を、二〇一一年までに地域ごとの地質の相違に対応させて四カ所設けた。

各試験流域では、それぞれの地域の自然環境の特性とニホンジカの影響の有無などの課題の相違をふまえて、検証のねらいを個別に設定している。たとえば、人工林の整備とニホンジカの対策により林床植生を回復させることによって、水や土砂の流出に現れる効果を検証するといったものである。現地の実測による流域試験では、貯水ダム上流域などの広域の検証には対応しきれないため、別途水循環モデルによってコンピューターシミュレーション解析をする方法も並行して進めている。

このような流域試験による事業効果の検証は専門性が高いため、特に調査手法が十分確立されていない研究的要素の強い現地調査については専門家に委託し、また、取り組み全般についても専門家の助言により進めている。

流域スケールの検証には、十~数十年という長い期間が必要だが、その検証の過程で、神奈川県の水源地域の水や土砂の流出の地域特性に関する科学的知見が得られつつある。これらの科学的知見は各地域の水源環境に対する理解をいっそう深めるものであり、目の前の課題解決に加えて、各地域の水源環境の特性をふまえた森林管理のあり方についても検討できるようになるだろう。

住民主体型税制を目指して

かつて新税創設に向けて開催されたシンポジウムに、筆者も県民の一人として足を運んだことがある。基調講演では、神奈川県が挑戦する参加型税制というものが、いかに先進的な取り組みかという説明があり、会場は期待感に包まれていた。新税は専門家をはじめ多くの人々の尽力によって、七年にわたる検討の末に実現した。

神奈川県の新税による緑のダムの保全・再生対策において、参加型税制・順応的管理という新たな仕組みづくりは構築の途上にある。今後うまく機能すれば、金澤（二〇〇三）が述べているように「参加型税制」から進んで「住民主体型税制」となる。そのためには行政から県民へのさらなる情報提供の充実など、お互いの協力のもとに、県民・専門家・行政がそれぞれの役割を果たしていく必要がある。

＊――**水源環境保全税**　個人県民税の超過課税。納税者一人当たりの年間平均負担額約八九〇円。

引用文献

羽山伸一　二〇一二　丹沢再生の基本原則　丹沢の自然再生　日本林業調査会　五六三―五六六頁
石川芳治・白木克繁・戸田浩人・若原妙子・宮貴大・片岡史子・中田亘・鈴木雅一・内山佳美　二〇〇七a　堂平地区における林床植生衰退地での土壌侵食と浸透の実態　丹沢大山総合調査学術報告書　四四五―四五八頁
石川芳治・白木克繁・戸田浩人・浅野敬尋・鈴木雅一・内山佳美　二〇〇七b　堂平地区における緊急土壌侵食対策試験施工の土壌侵食軽減効果　丹沢大山総合調査学術報告書　四五九―四六八頁
神奈川県　二〇〇五a　かながわ水源環境保全・再生施策大綱
http://www.pref.kanagawa.jp/uploaded/attachment/44868.pdf（二〇一四年一月九日取得）
神奈川県　二〇〇五b　かながわ水源環境保全・再生実行五か年計画
http://www.pref.kanagawa.jp/cnt/f7006/p23517.html（二〇一四年一月九日取得）
神奈川県　二〇一四　かながわの水源環境の保全・再生をめざして
http://www.pref.kanagawa.jp/uploaded/attachment/44908.pdf（二〇一四年一月九日取得）

神奈川県地方税制等研究会　二〇〇三a　生活環境税制のあり方に関する報告書
神奈川県地方税制等研究会　二〇〇三b　生活環境税制のあり方に関する検討結果報告書――水源環境の保全・再生に関する施策とその費用負担について
神奈川県自然環境保全センター　二〇〇八　丹沢大山自然再生　土壌保全対策マニュアル
金澤史男　二〇〇三　水源環境税への取組と分権型自治体財政　参加型税制・かながわの挑戦――分権時代の環境と税　第一法規　一八六―一九二頁
水源環境保全・再生かながわ県民会議　二〇一三　かながわ水源環境保全・再生の取組の現状と課題――水源環境保全税による特別対策事業の点検結果報告書
恩田裕一編　二〇〇八　人工林荒廃と水・土砂流出の実態　岩波書店
内山佳美・山根正伸・横山尚秀・山中慶久　二〇一三　神奈川県における水源環境保全・再生施策の検証方法とその実施状況　神奈川県自然環境保全センター報告　第一〇号：一―一二頁
山根正伸　二〇一二　森林整備とシカ保護管理の一体的推進　丹沢の自然再生　日本林業調査会　三〇四―三一一頁

矢作川流域圏における森づくり実践活動

蔵治光一郎

森林の緑のダム機能をめぐって研究者が論争しているその一方で、間伐されずに放置される人工林の面積は増加し、土砂崩れや水害などの自然災害も毎年のように発生してきた。間伐すべき時期がきても人工林を間伐せずに過密状態のまま放置することは、自然災害や水枯れのリスクを高め、森林所有者の財産としての価値を損ねるだけでなく、下流域圏の住民の公益も損なわれるという認識が広く形成され、問題解決へ向けて行政、研究者、森林ボランティア、市民によるさまざまな実践活動が全国のいたるところで行われるようになった。

蔵治・保屋野編（二〇〇四）は、高知県檮原《ゆすはら》町の事例を紹介しているが、ここでは愛知・岐阜・長野県を貫流する矢作川《やはぎがわ》の「流域圏の森づくり」に向けた諸活動の成果と課題について、最近一〇年間の動きに焦点をあてて紹介する。矢作川流域の約七割は森林で、そのうち約半分はスギ・ヒノキ・カラマツの植林地（人工林）である。本稿では矢作川流域圏内の地名がたくさん出てくるが、額田《ぬかた》町を除き、図12−1に記載された名称を使用し、岡崎市に合併された額田町については旧額田町と記載する。

矢作川流域圏の森と水と人の歴史

矢作川流域圏の森は、江戸時代末期には主に採草地として山焼きを繰り返す管理がされていたか、または薪炭林施業が行われていた。明治初期に入り、稲武地区では古橋暉皃《てるのり》ら、旧額田町では山本源吉らが主導し、スギやヒノキの植林が開始された。

矢作川流域に住み、矢作川の水を利用してきた人たちは昔から、森に降った雨や雪が集まった水を使っていることを認識し、森に感謝の気持ちをもっていた。一八八〇（明治一三）年、全国の農業水路の先駆けとなる明治用水が開削され、一九〇一（明治三四）年に明治用水頭首工が完成する。明治用水組合会（後の明治用水土地改良区）は、一九〇二年に結成された矢作川漁業保護組合（後の矢作川漁業協同組合）組合長の鈴木茂樹の働きかけもあって、一九〇八年から順次、下山地区、旭地区、根羽《ねば》村、平谷村の森林、計五二五ヘクタールを購入した。明治用水土地改良区は二〇〇七年度からこの森林の維持管理に充当するため「水源かん養林基金」を設立し、広く寄付を募っている。

高度経済成長期の矢作川では流域の開発にともなう濁水が問題となった。一九六九（昭和四四）年に明治用水土地改良区が農・漁業団体に働きかけ、流域市町村も加わり、地域が一体となった水質保全の

図12-1　豊田市が2005年に広域合併した後、岡崎市が額田町と2006年に合併する前の矢作川流域図（蔵治ら編、2006を一部改変）
点が乗った線は矢作川流域、実線は市町村の境界を示す。
流域面積183km^{2}の約７割が森林で、そのうち約半分がスギ・ヒノキ・カラマツ人工林で覆われている。

ための組織として矢作川沿岸水質保全対策協議会（矢水協）が設立された。さらに一九七一年には、地域開発に関する理論と開発方式の調査研究を行う組織として矢作川流域開発研究会（矢流研）が設立された。矢水協は実戦部隊、矢流研は矢水協の理論的支柱の役割を果たし、矢流研の会長であった伊藤郷平が提唱したといわれている言葉「流域は一つ、運命共同体」はやがて矢水協のスローガンとなった（銀河書房編、一九九四：矢作川漁協一〇〇年史編集委員会、二〇〇三）。

矢作川本流には明治用水頭首工、中部電力が所有する水力発電ダム、国土交通省直轄の多目的ダムなど本流に七つのダムがある。ダムなどの建設を促進し、水資源の開発と国土の保全に寄与することを目的として、一九七四年に施行された水源地域対策特別措置法（水特法）による事業を補完するため、矢作川水源基金が一九七八年に設けられた。この基金は、流域圏の人工林の間伐補助金として今にいたるまで効果的に使われている。

明治用水の受益地域が多くを占める安城市は、根羽村との間で「矢作川水源の森」森林整備協定を結んだ。これは一九九一年から三〇年間の四八ヘクタールの分収育林（育成途中の森林を森林所有者に代わって保育・管理し、将来成長した立木を販売し、その収入を分け合うこと）契約であり、二〇〇一年四月に森林法に新たに定められた上下流間の「森林整備協定」の全国第一号であった。一九九三年には豊田市水道事業審議会が「将来にわたり水道水が安全でおいしい水であるためには、水道水源の保全が必要である」と答申し、これを受けて一九九四年に水道使用者から使用量一トン当たり一円を上乗せ徴収して積み立てる豊田市水道水源保全基金が設けられた。この基金による人工林の間伐は二〇〇〇年から始まっている。

旧額田町も二〇〇四年、使用量一トン当たり一円を上乗せ徴収して「ぬかたの源流の森づくり基金」を創設し、間伐作業などの直接的な森林整備事業、森林の役割についての啓発および学習事業、ボランティアによる森林整備および間伐材利用促進運動の支援事業、上下流域の交流促進事業に使っていた。しかし二〇〇六年に額田町が岡崎市と合併したさいにこの基金は廃止されてしまった。

矢作川森の健康診断

二〇〇〇年に矢作川流域圏は東海（恵南）豪雨に襲われ、沢筋が崩落して大量の土砂と根こそぎ倒れた木が川を流れ下り、二八〇万立方メートル（約一五年分）の土砂、三万五〇〇〇立方メートル（約六〇年分）の流木がひと雨で矢作ダム貯水池に流れこんだ。この影響もあり、二〇〇四年に矢作ダムの堆砂量は計画堆砂量を上まわった（渡邊・田島、二〇〇八）。この災害をきっかけとして、矢作川上流域の森林が間伐されずに放置されている実態が明らかになっていった。

二〇〇四年に矢作川水系森林ボランティア協議会（矢森協）が結成された。同年、豊田市矢作川研究所の洲崎燈子と筆者が共同代表となって矢作川森の研究者グループ（矢森研）が結成され、矢森協と矢森研で森の健康診断実行委員会が組織された。実行委員会は「矢作川森の健康診断」を二〇〇五年から毎年一回実施し、二〇一三年の第九回までに参加者二〇六九人が五四九地点を調査した。調査は一辺二キロメートルの格子点で行い、第四回までに流域を一巡し、第九回までに二巡した（図12―2）。その結果、調査地点の五～七パーセントが過密人工林の基準を超えており、過密人工林と診断された。調査結果は森の健康診断ポータルサイトで公開されている。

矢作川森の健康診断の結果で特筆すべきことは、一巡目と二巡目の比較結果である。恵那市の串原、上矢作町、明智町の地域では二〇〇六～二〇〇七年に一巡目の四七地点、二〇一二年に二巡目の四二地点の健康診断を行った。その結果、平均植栽木密度は一六七九本／ヘクタールから一三六〇本／ヘクタールに減少した一方で、胸高直径の中央値は一九センチから二三センチに増加した。草と低木の被覆率、種数の平均値はそれぞれ一・五倍、二・〇倍に増加した。この地域では二〇〇六年から二〇一二年にかけて間伐が進み、植栽木の本数密度が下がり、草と低木の被覆率や種数が増加し、「森が健康になった」ことが証明された（第八回矢作川森の健康診断実行委員会、二〇一二）。この地域を管轄する恵南森林組合は、この期間に大胆な経営改革を断行し、民有林での間伐の事業量を大幅に増加させると同時に、自力での事業だけでなく民間事業体との連携による森づくりも推進しており（酒井、二〇一二）、その努力が実って間伐面積が顕著に増加したことが、木材の生産量ではなく、間伐面積を評価する仕組みである森の健康診断の結果に現れたと考えられる。

二〇〇九年の第五回矢作川森の健康診断からは、オプション調査として「緑のダム実験」も開始された。これは簡易な人工降雨実験装置で、約二メートルの高さから、二リットルのペットボトルに満たした水を、ボトルの先端に取りつけたシャワーノズルから地面に降らせる。ペットボトルは三本の園芸用

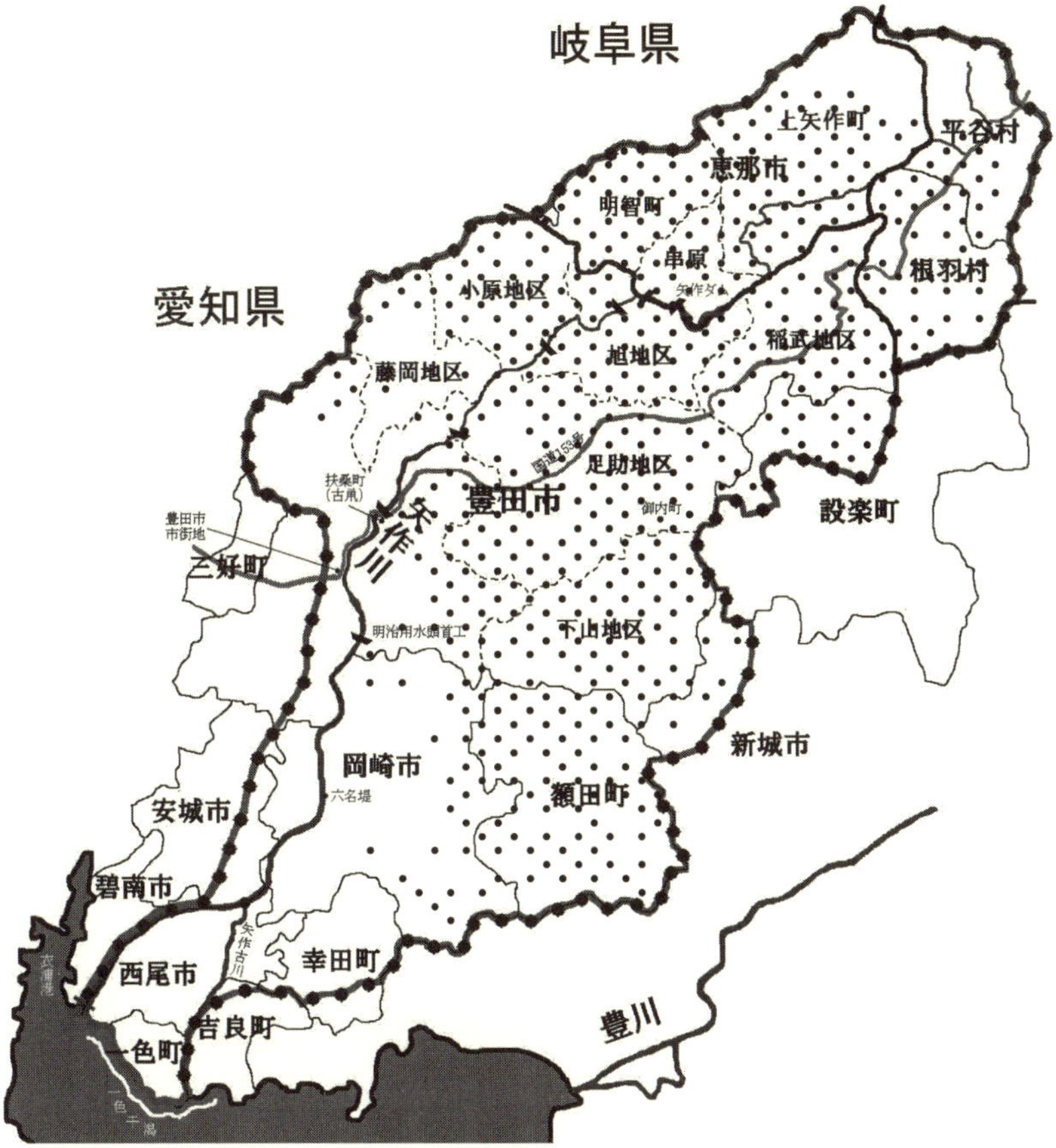

図12-2　矢作川森の健康診断の調査地点（蔵治ら、2006と第９回矢作川森の健康診断実行委員会、2013をもとに作成）
2005年から毎年１回実施し、2013年の第９回までに参加者2,069人が549地点を調査した。調査は一辺２kmの格子点で行い、第４回までに流域を一巡し、第９回までに二巡した。

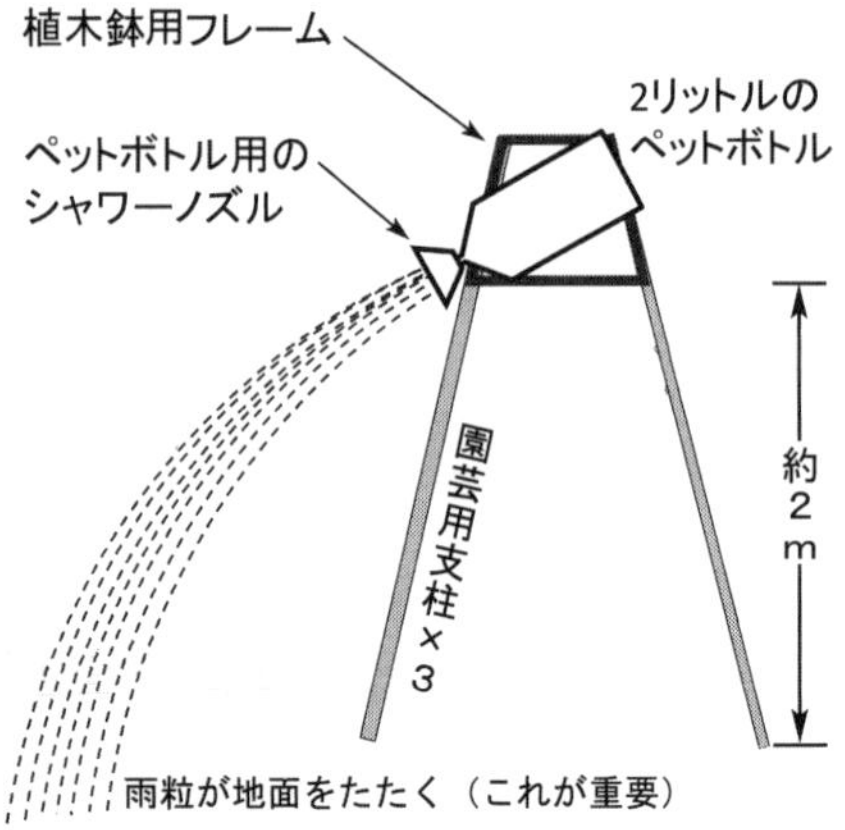

図12-3　緑のダム実験の模式図（第9回矢作川森の健康診断実行委員会、2013）
園芸用支柱、シャワーノズル、植木鉢用のフレームはいずれも100円ショップで購入可能。

支柱で支えた植木鉢用フレームに差しこんで固定する（図12―3）。この装置は一〇〇円ショップで購入可能な物品のみを使って組み立てられるという利点があり、降雨の浸透能のデータを得ることはできないが、①豪雨のさいに洪水を引き起こす原因となる表面流発生の有無、②散水地点の水のしみこみやすさの指標となる散水停止時の散水域の水たまりの有無、③水たまりの水が地面にしみこむまでの時間、などをおおまかに知ることができる（第九回矢作川森の健康診断実行委員会、二〇一三）。

市町村合併と流域圏の森林

豊田市、岡崎市、恵那市はそれぞれ二〇〇五年、二〇〇六年、二〇〇四年に広域合併した。豊田市と岡崎市は市域のほぼ全域が矢作川流域内に含まれ、都市と水源の森とが一体化した自治体になった。恵那市は矢作川、庄内川、木曽川の三流域にまたがる市となり、根羽村、平谷村は合併しない道を選んだ。

豊田市は二〇〇七年に「一〇〇年の森づくり構想」「森づくり条例」「森づくり基本計画」を、恵那市は二〇〇八年に「えなの森林づくり基本計画」、二〇一〇年に「えなの森林づくり実施計画」を、岡崎市は二〇一一年に「森林整備ビジョン」を、それぞれ制定した。

愛知、岐阜、長野県はそれぞれ二〇〇九年度、二〇一二年度、二〇〇八年度から「あいち森と緑づくり税」「清流の国ぎふ森林・環境税」「長野県森林づくり県民税」を導入した。しかし岡崎市や豊田市では、あいち森と緑づくり税による間伐面積が増えた一方で、ほかの補助事業などによる間伐面積が減少した結果、全間伐面積は二〇一〇年をピークに減少傾向に転じた（**図12-4**）。また神奈川県が行っているような水源地の他県に県税を支出する取り組みを愛知県は行っていない。県民の負担も愛知県が五〇〇円であるのに対して

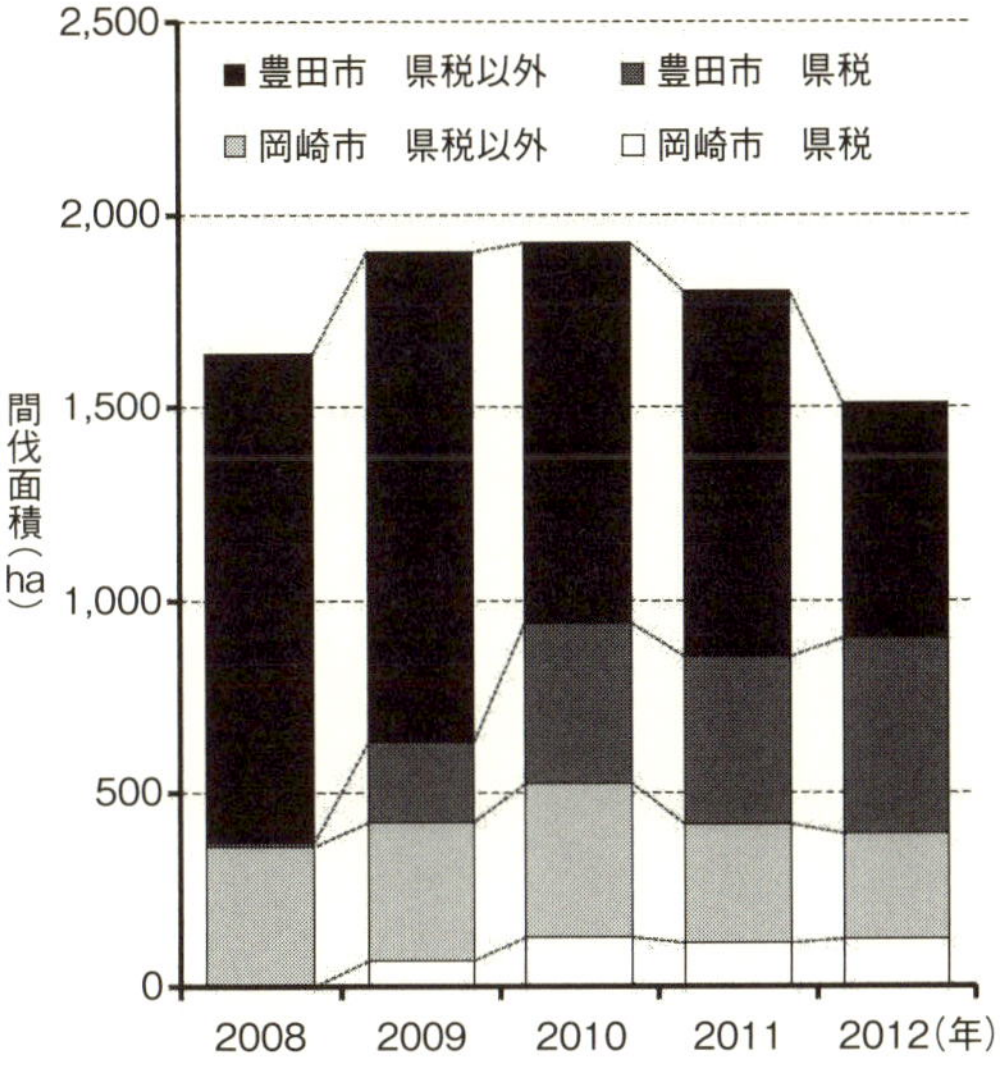

図12-4　岡崎市と豊田市における間伐面積の推移
2009年は県税導入により間伐面積が純増したが、2010年は県税による間伐面積が増加した分、県税以外による間伐面積が減少し、総間伐面積は微増にとどまった。2011年から総間伐面積は減少に転じ、2012年は国の補助事業が伐倒木の搬出を義務づけたため、県税以外による間伐面積が大きく減少した。

岐阜県は一〇〇〇円であり、下流の愛知県よりも上流の岐阜県のほうが県民の負担が多くなってしまっている。

豊田市の森林施策の特徴は、「森づくり会議」と名づけられた集落ごとの森林自治を実現する組織である。森づくり会議の設立を推進したことによって、都市に近い森ほど、森づくり会議の設置が困難であることが明らかとなった。その一番の原因は、大多数の森林所有者が無関心で、会議を主導できる適任者が見つからないことだった。結果として、都市に近い森ほど管理が行き届かなくなる状況が出現している（**図12–5**）。

また岡崎市では、前述した森の健康診断の一巡目と二巡目の結果を比較したところ、恵那市のような数値の改善はみられなかった。旧額田町で行われた結果報告会では、「材価が安いことが最大の問題であって、材価が上がれば問題は自動的に解決する」「行政はもっと材価を上げる努力をすべきだ」という意見が多く聞かれた。明治時代から一〇〇年以上、森林を主に木材生産の場として見てきた地域では、森林の木材生産以外の価値に光を当てることは容易ではなく、木材生産が活発になれば、公益的機能もおのずから発揮される、という予定調和論がいまだに固く信じられている実態が改めて明らかになった。確かに材価が上昇すれば木材生産はある程度、活性化するかもしれないが、その作業は公益的機能を顧みない低コストで大規模な方式で行われる可能性がある。また、木材生産による短期的な利益を求めるあまり、皆伐した跡地に植林をせずに放置する者が後を絶たず、各地で問題となっている。

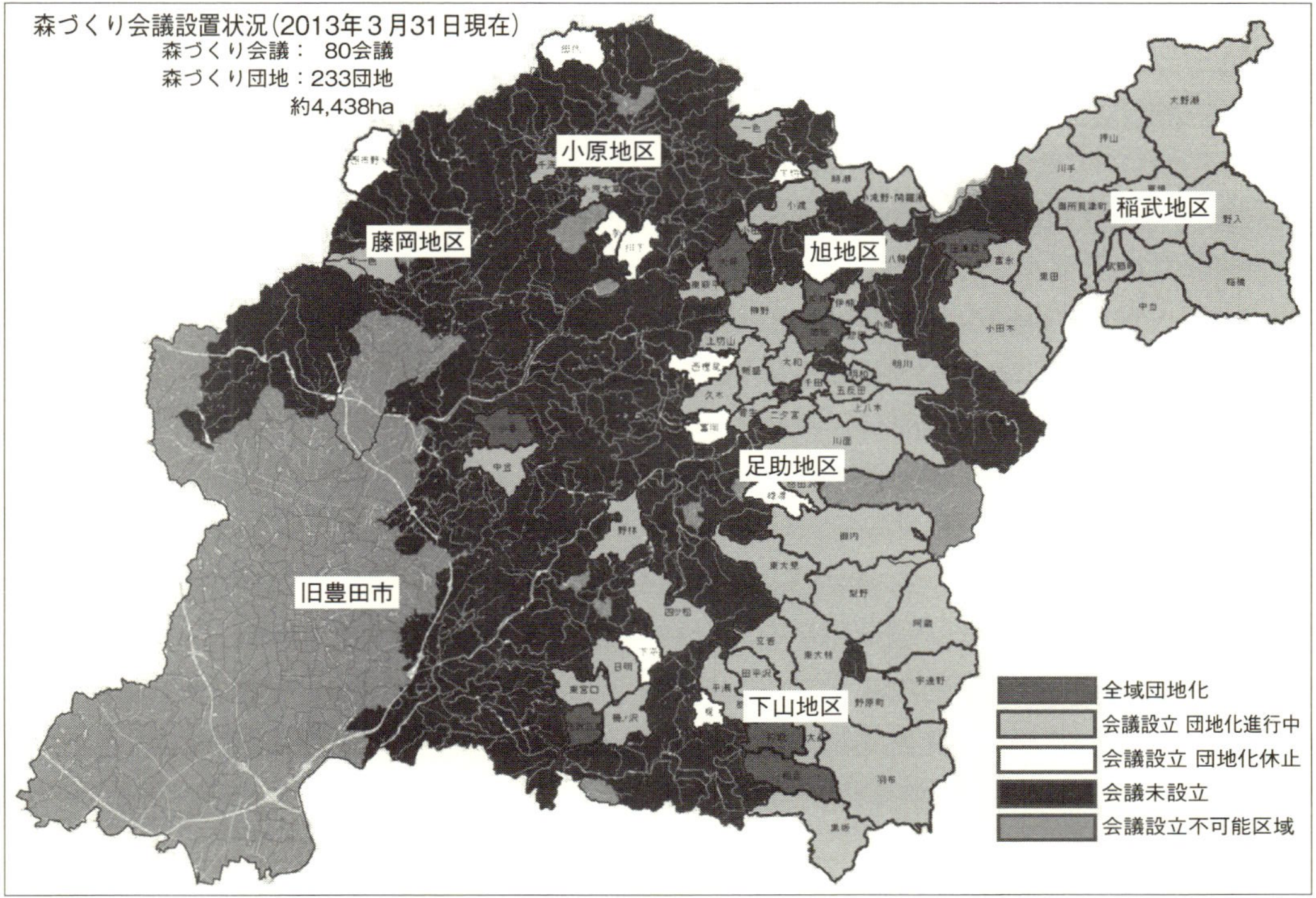

図12-5 豊田市森づくり会議設置状況（豊田市、2013）
旧豊田市から遠い地区では森づくり会議が順調に設置されたが、旧豊田市から近い地区では森づくり会議が設置できていない場所が多い。

流域圏一体化へ向けての新たな取り組み

国土交通省は、一九九七年に改正された河川法にもとづき、二〇〇六年に矢作川水系河川整備基本方針を策定し、二〇〇九年には同省中部地方整備局が矢作川水系河川整備計画を策定した。これらの計画にもとづき、二〇一〇年八月に河川管理者、行政、関係団体、市民が参加して矢作川流域圏懇談会が設立され、地域部会として山部会、川部会、海部会が設けられた。山部会では流域住民の主導で議論の出発点「矢作川の恵みで生きる」を共有し、山部会で扱う課題として「人と山村」「森林」、当面の解決方法として「山村再生担い手づくり事例集」「森づくりガイドライン」「木づかいガイドライン」の策定を行うこととし、それぞれ行政、森林組合、研究者、森林ボランティア、住民によるワーキンググループを組織して毎月一回会議を行っている。

旧額田町や稲武地区と同様、古くから木材生産に重点を置いてきた根羽村では、皆伐後の植林にかかるコストを低減するための検討会を立ち上げたが、流域圏懇談会の設立を受けて、コスト低減と同時に矢作川流域圏に配慮した木材生産・植林方式を検討する必要があるとして、この検討会に流域圏懇談会のメンバーを加えて議論を開始した。流域圏懇談会に山部会が設けられ、関係者が集まり、議論を始めたことが、矢作川流域圏で森づくりに携わっている森林組合や行政を動かしつつあり、流域圏が一体となった森づくりへの機運が高まってきている。流域圏懇談会は九年間を一サイクルとして課題の解決手法を提案し、実践することを目標としており、今後の流域圏の森づくりをリードする役割も期待されている。

矢作川流域圏懇談会では、森づくりと並行して、木づかいガイドラインの議論も進めている。ここでの木づかいとは土木や建築、木工の材料としての利用にとどまらず、エネルギー利用も含まれる。単なる木づかいであれば輸入材や、日本のほかの地域で生産された木材との競争になるので、流域圏の木づかいは、流域圏材の木づかいとすることが望ましい。矢作川流域圏住民には、木材を購入するさい、矢作川流域圏材を選んで購入することが、自らの安心、安全な暮らしにつながるというストーリーを理解し、流域圏材を積極的に選択して使うことが求められており、矢作川流域圏の木材生産関係者には、そのような意識に目覚めた流域圏住民が流域圏材を容易に購入できるようなウェブサイトの構築や、アンテナショップの創設、流域圏材の安定供給体制の確立などに、一体となって取り組めるかどうかが問われている。

「不健康人工林の間伐」に加えて「流域圏の木づかい」を目指す

矢作川流域圏におけるこれまでの森づくりへの最近一〇年間の取り組みについて概観した。かつて矢作川流域圏の森づくりのキーワードは「植林」であった。しかし流域の山がほぼすべて森林で覆われ、時を同じくして木材価格が低迷し、木材生産が不活発になり、植林できる場所（皆伐跡地）がなくなってきたことにともない、植林が必要な状況は終わった。

一〇年前から現在にいたるまでのキーワードは「不健康人工林の間伐」だった。不健康人工林の実態が明らかになり、森林への関心の高い地域では間伐が劇的に進んだが、関心の低い地域では進んでいない。また木材生産を重視して間伐の伐倒木を搬出しようとすると、同じ作業員の労力で間伐できる面積が減ってしまうこともわかってきた。

矢作川流域圏の森づくりの今後のキーワードは「流域圏の木づかい」となるかもしれないが、「不健康人工林の間伐」も、特に市街地に近い森や木材生産が困難な人工林では、大きな課題として残りつづけるだろう。また今後は生物多様性やレクリエーションといった機能や、人工林だけでなく天然林についても目を向けていく必要があろう。

なお、一〇年以上前から続いている矢作川流域圏の森をめぐる諸活動については、すでに多くの書籍に記述されているので、ここでは概要のみを記述した。より詳しく知りたい方は、銀河書房編（一九九四）、依光編（二〇〇一）、蔵治ら編（二〇〇六）などを参照いただきたい。また本稿執筆にさいして東京大学助教田中延亮氏、豊田市矢作川研究所主任研究員洲崎燈子氏、矢作川森の健康診断実行委員会の丹羽健司氏および委員の皆様、矢作川流域圏懇談会山部会の皆様にご協力いただいた。ここに記して御礼申し上げる。

引用文献

第八回矢作川森の健康診断実行委員会　二〇一二　第八回矢作川森の健康診断二〇一二概要版　矢作川森の健康診断実行

委員会
第九回矢作川森の健康診断実行委員会　二〇一三　第九回矢作川森の健康診断二〇一三 概要版　矢作川森の健康診断実行委員会
銀河書房編　一九九四　水源の森は都市の森──上下流域の連帯による「流域社会」づくり　銀河書房
蔵治光一郎・保屋野初子編　二〇〇四　緑のダム──森林・河川・水循環・防災　築地書館
蔵治光一郎・洲崎燈子・丹羽健司編　二〇〇六　森の健康診断──一〇〇円グッズで始める市民と研究者の愉快な森林調査　築地書館
酒井秀夫　二〇一二　実践経営を拓く　林業生産技術ゼミナール──伐出・路網からサプライチェーンまで　全国林業改良普及協会
豊田市　二〇一三　平成二五年度第一回森づくり委員会資料三─一
http://www.city.toyota.aichi.jp/shingikai/ag/39/2501siryou0301.pdf（二〇一四年五月二六日取得）
渡邊守・田島健　二〇〇八　ダムにおける堆砂対策の現状と課題──矢作ダムを事例として　平成二〇年度日本水産工学会秋季シンポジウム「ダムにおける堆砂対策の現状と課題」一─四頁
矢作川漁協一〇〇年史編集委員会　二〇〇三　環境漁協宣言──矢作川漁協一〇〇年史　風媒社
依光良三編　二〇〇一　流域の環境保護──森・川・海と人びと　日本経済評論社

森林計画に水源涵養機能をどう反映させるか

泉　桂子

本稿では、緑のダム機能を森林の水源涵養機能として論を進める。本稿の水源涵養機能とは「渇水緩和」「洪水緩和」「水質浄化」の三つの働きを合わせたものをいう。「森林・林業再生プラン」[*1]を背景に、全国的に森林管理や森林計画の地方分権化が進むことを前提として、水源涵養機能を森林施業、森林計画に反映させるために何が必要かを検討する。

具体的には、①水源涵養とほかの森林機能の両立の可能性、②水源涵養機能発揮のための望ましい森林施業論、③流域に果たす森林の役割の定量化、④地域単位での森林管理技術の自立について論じていく。

水源涵養機能とほかの森林機能は両立するか

まず第一に、森林のもつさまざまな機能と水源涵養機能のトレードオフ関係についてふれておく。トレードオフとは、水源涵養機能を高めると森林での木材生産やレクリエーション提供の機会などが制限されること、逆に木材生産やレクリエーション利用の推進と水源涵養機能とは必ずしも両立しないことをいう。クローソンは「自然水源の保全」は、森林のほかの機能とおおむね両立可能としている(Clawson, 1975)。このクローソンの考え方は今日でも十分うなずける内容であり、単一の機能に特化した細分化より、森林の下層植生が繁茂し、腐植を含めた森林土壌が保全されている森林を維持しつづけることのメリットを取るべきである。

水源涵養機能を発揮させる森林施業とは

第二に、第一の論点をふまえ、水源涵養機能を発揮させる森林施業の議論について見てみよう。中村(二〇〇三)の体系的なまとめによれば、「自然のパターンとプロセスを真似しながら、極力それを崩さないように管理すること」が森林計画の基本である。また、「施業技術と森林の機能に関する研究成果は(中略)技術論レベルには到達していない」という限界も指摘している。中村は、「健全な森林と土壌を保全すること」が「渇水緩和機能」と「洪水防止機能」にとって共通の効果を発揮するが、両者は

「森林の葉量制御で明らかに競合する」としている。つまり、渇水緩和には林木の葉量が少ないほうが有利であり、洪水防止にはそれが多いほうが有利であると述べている。

中村の上の見解を現在の基点として、過去の施業論をふり返っておく（**表13-1**）。なお、以下のデータは筆者が一九七三年以降の期間を対象に行政当局の動向からピックアップしたもので、必ずしも網羅的でないことをお断りしておく。

国有林野では一九七三年、奥地天然林皆伐施業に対する反対運動の高まりを背景として「国有林野における新たな森林施業」（林野庁長官より各営林局長あて通達）を発表した。この通達の内容は巨視的には国有林全体で従来の大面積の皆伐施業を改め、条件不利地での択伐施業を導入するものであった。これに呼応するように、旧林業試験場を中心に公益的機能発揮のための施業や択伐施業の技術的検討が発信された。その中で蜂屋（一九七五）は「理水機能」を高める森林施業について整理している。渇水緩和機能のための施業は明言されていないが、洪水防止・軽減のための望ましい森林は、中村の整理とほぼ一致する。続いて、一九八三年から林野庁「水土保全機能強化総合モデル事業」が五年間継続された。これは次に述べる森林の流域管理システムとも時期的に一致している。「水土保全機能強化総合モデル事業」の森林施業は、二〇〇一年以降の「森林・林業基本計画」における「水土保全林」施業にも大きく影響した。二〇一一年から変更された現行の「森林・林業基本計画」では「水土保全林」の機能区分が廃止され、制度上は市町村が柔軟に森林の機能区分（ゾーニング）を行えることとなった。

一九九〇年代から現在までの水源涵養機能に対する林野庁のとらえ方は次のような特徴がある。第一

表13-1　森林の水源涵養機能を高める施業のあり方

出典	中村（2003）	蜂屋（1975）	「水土保全機能強化総合モデル事業」（1983）[※1※2]	「森林・林業基本計画」における「水土保全林」（2001〜2010）[※3※4※5]
水源涵養機能全般のために望まれる森林像	健全な森林と土壌を保全	良好な森林状態の維持	水土保全·環境保全の機能を両立可能な複層林	下層植生が生育、土壌に有機物、樹根が深い、治山施設整備
渇水緩和機能のための施業	針葉樹から広葉樹への樹種転換、間伐と枝打ち	（言及なし）	森林土壌の保全、下層植生の維持、複層林形成、受光伐[※6]・枝落としと本数調整、下木植栽（深根·浅根組み合わせ）	○人工林：広葉樹導入・混交林化、複層林化、適切な保育・間伐、長伐期 ○天然林：更新補助・植栽
洪水防止機能のための施業	広葉樹林よりも針葉樹、やや密林状態で枝打ちはしない	葉が細かく枝に密生し葉量が多く、常緑で落葉落枝も多く、根系を広く深く発達、低木や幼木を交えた複層林		
水質浄化機能	10〜20m幅の緩衝帯を設ける（窒素およびリンの除去）	（言及なし）	（言及なし）	（言及なし）

※１：小澤、1996
※２：林野庁が1983年から５年間行った公共事業。効率的な木材生産と水土保全・環境保全を両立させることが目的、５年間の総事業費は約100億円。
※３：林野庁、2001：2006
※４：森林・林業基本法改正にともない、2001年から森林計画制度に新たに設けられたゾーニングの１つ。森林を「水土保全林」「森林と人との共生林」「資源の循環利用林」の３種に区分した。2011年より制度変更。
※５：2001、2006年の「森林・林業基本計画」では森林全体の約７割が「水土保全林」に区分されていた。
※６：森林の下層にある幼木に十分な陽光が届くよう行う伐採のこと。

に、「水土保全機能」と呼んでいるように水源涵養機能、災害防止機能と沿岸海域保全機能を一体ととらえている場合が多い。第二に、森林の渇水緩和機能は「水資源貯留」と「水量調節」の組み合わせによって発揮されるととらえられており、加えて森林の蒸発散を水土保全の必要コストとみている。第三に、森林はほかの植生よりも土壌浸透能が高いことにたびたび言及しており、その根拠は村井宏らの四〇年ほど前の論文によっている。論拠のアップデートがなされていない状況である。

筆者は、林野庁が水源涵養機能の根拠として二〇〇〇年以降の最新の知見とともに、「ため池論争」(蔵治、二〇〇四：一一九頁も参照)など歴史的議論もふまえつつ、「森林が水を消費する」ことにも言及する必要があると考える。たとえばカルダー(二〇〇八)は水文学研究の網羅的収集とその要約を世界規模で行っている。極論だが、たとえば土砂災害の恐れが少なく、水需給が極端に逼迫している小雨地域では森林の蒸発散によるロスを節約するために、水利用上あえて森林を維持しなくてもいいはずである。林野庁は、後述する流域単位の下流からのニーズも含めて、地方政府が自らの機能区分や政策立案を可能にできる判断材料を提示するべきだろう。

加えて、水源涵養機能向上のために言及しておきたいのは、林道(作業道)に代わるモノレールの可能性である。「森林・林業再生プラン」、あるいは国有林と民有林との森林整備協定にもとづく施業団地[*3]設定で今後作業道の敷設は加速するだろう。その一方で林道は森林の水源涵養機能を損なう危険性ももっている(島、二〇〇二)。そこで林道に代わるインフラを提案したい。たとえば東京都水源林ではすでに五路線、一一キロメートルに及ぶモノレールを整備している。これは水源涵養機能の向上のみならず、労働環境改善のために導入され、結果的に水源林管理だけでなく国立公園管理や野生生物管理にも貢献している。さらに、林内への立ち入りをコントロールし、森林管理に不都合なフリーライドを許さないという利点がある。ここでいうフリーライドとは、たとえば、廃棄物の不法投棄や動植物の不法採取、オフロード二輪の林内への乗り入れなどである。モノレールは何より、森林植生や森林土壌に与える負の影響が少ない。緑のダムのためのインフラとしてもっと注目されてよい技術だと筆者は考える。

流域を森林計画単位とすることの意義とその可能性

三つ目に一九九一年の改正森林法で導入された森林の流域管理システムをふり返っておきたい。「緑のダム」を考えるうえで、国有林・民有林を一体的に管理し、流域単位で森林の公益的機能を発揮させようとしたこのアイデアは画期的であったからである。この改正により、森林計画制度上の森林計画区も流域単位に編成し直された。森林の流域管理システムおよび森林計画区は現在も制度として継続している。

国土計画でいち早く「流域圏」を打ち出したのは一九七七年の第三次全国総合開発計画（以下、三全総）であった（国土庁計画・調整局編、一九七八）。当時の国土庁は三全総において「山岳と海岸の中間である農林業地域及び都市においては、（中略）自然環境のもつ容量に着目し、流域ごとに生活圏を構成して土地利用の適正化を図る」とし、「流域生活圏構想」と名づけた。具体的政策目標としては

「生活の中の自然（中略）うまい飲料水（中略）などを確保することにより、多様性のある豊かな生活環境の創造を図る」として、水道の原水の質に着目している。さらに三全総では、レクリエーションや水源涵養など森林の公益的機能に対する費用負担が言及されていたことも先駆的であった。筆者は「森林の流域管理システム」の一つの源流を三全総と考えている。

三全総では上記「流域生活圏構想」にあたり、地形や河川の利用状況から流域の類型化を行った。森林に対する施策として「大都市圏流域」や「平地性流域」では保安林整備や水源林造成を、「山地性流域」は保安林整備や治山事業拡充を行い、人工林化のさいには国土保全に留意し、人工林管理を放棄しないこと、「山地性流域」のうち林業がさかんな流域では林業生産活動を進めつつ、水源涵養や保持保全機能[*4]に配慮することとした。林業振興政策の視点からであっても、このように流域に果たす森林の役割を公益的機能も含めて明確に位置づけていることが特筆される。

ふり返って、一九九一年の改正森林法で導入された森林の流域管理システムは国有林・民有林が一体となって流域林業の活性化とともに公益的機能の発揮をその目的にうたっていた。だが、二〇年を経て、あまり耳目を集めることなく政策の表舞台から消えてしまったように見える。「流域林業活性化センター」など流域単位の組織活動に限界があったのではないかと筆者は考えている。事務局も本務との兼職で、補助事業の打ち切りにより予算も限られるなか、実質的な活動は難しい。折から一九九八年国有林野の抜本的改革を経て、国有林野の事業所が大きく統廃合されるなか、従来政策的にも二分されていた国有林・民有林が一体となった活動は思った以上に難しかったと推測する。

一九九一年森林法では森林整備協定締結促進がうたわれ、流域管理システムを補完する一制度として当初下流の都市や水利用者が上流の森林管理を支える仕組みが含意されていた（小澤、一九九六）。森林整備協定の締結数の推移は統計に表れてこないが、国有林・民有林が流域単位で整備協定を締結し、共同で森林認証を取得するなどの事例が現れれば、流域管理システムの一つの体現だと筆者は考えるが、今のところ現れていない。

もう一つ、流域管理システムの限界は水源涵養機能発揮に資する森林計画のゴールが不明確なことである。森林を管理する側にとっては、下流の水利用者やあるいは都市住民が上流の森林に何を求めているのか不明確であり、そもそも人口減社会では水需要自体右肩下がりで、いまさら上流側が森林の水源涵養機能に配慮したところで、下流のニーズが不在ではないかという疑念がつきまとう。「森林にどんな役割を期待するか」の世論調査結果は「世間一般」の声であって、下流の声とは必ずしも一致しない。

森林計画の教科書では「成長に長期を要する森林資源は適切な計画なくして持続的に利用し得ない」というが、上水道もそのような性格をもつ。我が国の近代上水道事業はこれまで人口増と水需要増に応えるため拡張を繰り返してきた。これからは施設の維持管理や更新が水道事業者の主な関心事となろう。水道原水の水質を良好に保つことは大きく歓迎されることである。水資源利用の全体像を描き、その中で水源涵養機能を森林計画に反映させる視点が必要である。

たとえば東京都水道水源林や横浜市道志水源かん養林のように水道事業者が単一で直接管理する森林であれば森林管理のゴールは水道局にとっての水道「水源の涵養」と明確である。「かながわ水源の森林づくり事業」のように水源河川が県内でほぼ完結している事例や、地下水を水道水源にもつ「熊本市地下水量保全プラン」のように需給関係が明確で水源涵養の要請が差し迫っている事例でも森林の役割は明確にされやすい。この点で、中央政府からの視点であれ、流域の森林に何が求められるかを明確化した三全総のアイデアは出色であった。筆者はこれに代わる案をもたないが、森林計画のゴールを定めるうえで参考となる最近の研究例を引く。

水村（二〇〇三）は森林の公益的機能発揮の一例として、わが国の都市圏における水資源収支を試算した。水村のアイデアは、森林計画が向き合うべき流域の下流とはどこか、流域の単位をどのように設定するかの一材料となる。計算方法はさらに精査を重ねる必要があるが、大きい都市圏なら大きい流域を要するのは必然であり、森林の水源涵養機能に対する費用負担の単位を示すデータとしても興味深い。

上記は人口の集住度合いや水需給から必要とされる森林面積や圏域を割り出したモデルである。これとは逆に、小谷（二〇〇三）は森林の存在が流域の河川水質の浄化にどれほど寄与しているか、地理情報システム（ＧＩＳ）[*5]とモデルを用いて定量化を行っている。小谷は、四万十川の水質維持に森林面積の多さが一定の貢献をしていることを示した。この手法も施業や樹種を評価できない限界はあるが、家庭、工業、農畜産業からの汚染と森林の水質浄化機能を相対的に流域単位で比較可能であることは着目される。森林の水源涵養機能のうち、流域の水質浄化に果たす役割はある程度定量化できる。

最後に、森林・林業分野からの水需給予測モデルの例として米国森林局のＷａＳＳＩがある。これは水供給ストレス指標（Water Supply Stress Index）の略称であり、国・地域レベルの水需給試算を行うことができる。森林局は水供給を第一優先事項に位置づけ、水資源の変化を評価するモデルを森林局自らが全米規模で運用していることは、内務省開拓局、陸軍工兵隊との水資源をめぐる縄張り争い（カルダー、二〇〇八）を差し引いてもなお、水供給の責任を果たそうとする一つの積極的な姿勢とみていい。

地域が森林管理技術の力量をもつ

四つ目に指摘しておきたいのは、森林施業に関連する地域レベル、事業所レベルでの森林管理技術の自立である。東京都水源林が独自の施業を展開できる背景には豊かな財政とともに専門分野の人材の豊富さが挙げられる。東京都水道局では水源管理事務所に約五〇名の林務職員が勤務している。彼ら・彼女らは都農林水産部への異動もある技術職である。このことが、中央政府に依存することなく独自の森林施業を展開できる強みとなっている。過去には海外研修を修め、西欧で見聞した治山事業に感銘を受けた職員もいる（島、二〇〇二）。横浜市道志水源かん養林では林務専門職員はみられないが、横浜市職員として水源かん養林に勤務しつづけることは道志村民にとって貴重な雇用の場となっている。また、道志村は横浜市有林のみならず、水源地域にある私有林の人工林間伐を進めるため「土佐の森方式」のノウハウやシステムを取り入れている。この方式は高知県吾川《あがわ》郡いの町のＮＰＯ「土佐の森・救援隊」が考案し、二〇〇七年から実施しているもので、人工林の間伐を行い、間伐材を地域のバイオマス燃料などとして利用する仕組みである。地域と地域がよい実践を通じて直接技術交流をする例が生まれている。

本稿では、森林の水源涵養機能は木材生産機能も含めたほかの機能との両立が可能であること、水源涵養機能発揮のための森林施業について中央政府は水源涵養機能に関する近年の科学的知見をわかりやすく提示し、地方政府の意思決定を支援すべきことを述べた。その受け皿として、地域では森林施業技術を自ら選択し実行できる力量が必要であり、下流側のニーズを的確に把握することも求められるだろう。

＊1――**森林・林業再生プラン**　二〇〇九年一二月に発表され、一〇年後に木材自給率を五〇パーセントに引き上げるという大胆な目標を設定している。基本理念は「森林の有する多面的機能の持続的発揮」「林業・木材産業の地域資源想像型産業への再生」「木材利用・エネルギー利用拡大による森林・林業の低炭素社会への貢献」である。この再生プランにより森林計画制度が大きく変わり、日本型フォレスター制度が導入されるなどした。

＊2――**森林の流域管理システム**　従来、国有林と民有林において別々につくられていた森林計画を一体化したうえで、全国を一五八の流域に分け、流域ごとに流域林業活性化協議会および流域林業活性化センターを設置し、森林の各種機能を発揮させる計画的な森林管理と、特徴ある林業生産の仕組みを創設することを目途としていた。流域の川上・川下には地形的な意味とともに、木材流通の上流（森林所有者や素材生産業者）と下流（製材業者やエンドユーザー）が含まれている。

＊3――**施業団地**　従来、民有林の複数の森林所有者が共同して団地的なまとまりのある三〇ヘクタール以上の森林に立

てる植伐計画を「団地共同施業計画」と呼んできた。一方、「森林共同施業団地」は、民有林と国有林の間で、施業の集約化、効率的な路網整備および効率的な作業システムへの移行により低コスト化を図るため、市町村などと国有林が森林整備協定を締結するものである。近年、さかんに締結されている。

＊4――原文のままである。

＊5――GIS　地理情報システム（Geographic Information System）。コンピューターに地図や調査データなどの地理情報を整理して記憶させ、特定地域の状況を検索、解析するシステムである。GISの特徴は、文字情報だけでなく地図などの図面情報を取り扱うことができること、そして、データベース機能と空間解析機能とをあわせもっていることにある。一九九〇年代以降、GISは森林管理の分野でも急速に発達し、普及しつつある。

引用文献

カルダー、イアン　二〇〇八　水の革命――森林・食糧生産・河川・流域圏の統合的管理　蔵治光一郎・林裕美子監訳　築地書館　二七〇頁

Clawson, M. 1975. *Forests for whom and for what?*. Resources for the Future, Inc., 202pp.

蜂屋欽二　一九七五　森林の公益的機能と森林施業　坂口勝美監修　これからの森林施業――森林の公益的機能と木材生産の調和を求めて　日本林業改良普及協会　三三―四三頁

小谷英司　二〇〇三　GISを利用した原単位法による四万十川流域の全窒素（TN）排出負荷量の推定　森林応用研究　一二：九九―一〇七頁

国土庁計画・調整局編　一九七八　第三次全国総合開発計画　第四巻：一〇六四―一一六六頁

蔵治光一郎　二〇〇四　森林の機能論としての「緑のダム」論争　蔵治光一郎・保屋野初子編　緑のダム――森林・河川・水循環・防災　築地書館　一三一―一四九頁

水村隆　二〇〇三　第三部　参考資料編　森林資源賦存量のマクロ的把握ほか　小澤普照監修　目指せ環境大国への道――新たな森林・緑空間創出のもとに　博友社　七一―二二四頁

中村太士　二〇〇三　森林の機能保全のサブシステム　木平勇吉編著　森林計画学　朝倉書店　一〇一―一二〇頁
小澤普照　一九九六　森林持続政策論　東京大学出版会　三二〇頁
林野庁　二〇〇一　森林・林業基本計画　五六頁
林野庁　二〇〇六　森林・林業基本計画　四二頁
島嘉壽雄　二〇〇二　森とダム――人間を潤す　小学館スクウェア　二三四頁

河川計画に流域の保水機能をどう反映させるか

関 良基

ダムという「点の治水」から、流域全体で保水性・浸透性を高める「面の治水」を重視する姿勢へ転換する必要性について論じたい。利根川流域を事例に、森林や水田の治水機能を高め、流域全体で雨水の保水性・浸透性を高めるという流域治水の効果を検討し、河川整備計画にも積極的に取り入れていく必要性を論じる。

折しも本稿を脱稿する直前の二〇一四年三月二四日、滋賀県においては「流域治水条例」が県議会で原案を一部修正のうえ可決された。滋賀の流域治水条例は、河道の内部で水を安全に「ながす」という従来の河道を中心にした治水対策に加え、河道の外の流域全体で森林・農地・公園などの雨水貯留浸透機能を高め（「ためる」）、県民全体の協働で水害に「そなえ」、水害が起こっても被害を最小限に「とどめる」ことを目的とした条例である（嘉田、二〇一四）。国土交通省（以下、国交省）の各地方整備局が一級河川において策定している河川整備計画において、こうした流域対策の視点はいまだに軽視されている。流域全体を視野に入れた治水の取り組みを拡充する必要があろう。

利根川・江戸川河川整備計画の策定時における議論

筆者は二〇一二年九月から二〇一三年三月まで、国交省・関東地方整備局（以下、関東地整）が利根川・江戸川の河川整備計画を策定するために設置した「利根川・江戸川有識者会議」に一委員として参加した。利根川・江戸川の河川整備計画（案）にも、わずかではあるが流域治水に関する記述が存在した。「6　その他河川整備を総合的に行うために留意すべき事項」の中に、以下のように記されている。

流域全体を視野に入れた総合的な河川管理

都市化に伴う洪水流量の増大、河川水質の悪化、湧水の枯渇等による河川水量の減少、流出土砂量の変化等に対し、河川のみならず、源流から河口までの流域全体及び海域を視野に入れた総合的な河川管理が必要である。

なお、雨水を一時貯留したり、地下に浸透させたりという水田の機能の保全や主に森林土壌の働きにより雨水を地中に浸透させ、ゆっくり流出させるという森林や水源林の機能の保全については、関係機関と連携しつつ、推進を図る努力を継続する（国交省・関東地整、二〇一三ａ）。

「水田の機能の保全」や「森林や水源林の機能の保全」は、「推進を図る努力を継続する」とある。しかし、この記述はあまりにも抽象的で具体性に欠けるので、何もなされないまま終わる可能性もある。そこで筆者は、有識者会議の場で、流域全体で降雨の保水機能や浸透性を高めていくという流域治水の具体策を示しながら、実際にできることから取り組むべきだと提案した。

具体的に提案した流域対策としては、①流域の一般住宅に雨水浸透枡の設置を推進、②歩道・公園などでのウッドチップ舗装の推進、③水田の貯留能力を高める田んぼダムの整備、そして④森林整備の四点であった（関、二〇一三a）。こうした取り組みは、実際に雨水の保水性・浸透性を増すとともに、治水活動への住民参加を促し、流域住民の防災意識を高めるというソフトな面での効果も高い。住民参加による取り組みはハードとソフトの両面において相乗効果を高め、水害の軽減に役立つであろう。この四点のうち③は次項で、④は次々項で論じたい。

①は、各家庭でできる最も身近な浸透対策であり内水氾濫対策であろう。行政の支援のもとに雨水浸透枡を設置していくことは、住民の治水に対する日頃の意識向上も促し、治水効果のみならず、地下水位を上昇させる利水対策としての効果も高い。

②は、都市部でコンクリートとアスファルトの被覆率を減らし、可能な範囲で雨水の透水性の高いウッドチップ舗装で置き換えていくという提案である。ウッドチップ舗装は車道では強度的に無理であるが、歩道・公園・駐車場など広範な場所で実施可能であろう。これは雨水の浸透性を高め水害を軽減させると同時に、ヒートアイランド効果を緩和し、都市型集中豪雨の強度そのものを低下させる効果も期

待できる。間伐材や林地残材などを利用したウッドチップ舗装を推進していけば、上流の森林整備とセットで進む。コンクリートやアスファルトとくらべると耐用年数は短いし、費用も高いが、間伐材の用途としても有望で、持続可能な公共事業となる。

上流に建設されたダム群は、河川の本川の洪水流量を引き下げるという外水氾濫対策としての効果はあっても、近年深刻化している市街地に降った雨を排水できずに発生する「内水氾濫」を抑えることはできない。「ゲリラ豪雨」の頻発化にともなって、内水氾濫が発生しやすくなっている。内水氾濫を抑制する最良の方法は、市街地でコンクリートの被覆率を減らし、雨水の浸透性を高めることである。これは市街地の浸水被害を軽減させる水害への適応策としての効果はもちろんこと、ヒートアイランド効果を軽減し集中豪雨の強度を下げるという、気候変動そのものの緩和策ともなろう。

財政の限界が明らかである今日の日本において、新規インフラ整備よりも、既存インフラを環境配慮型にし、その質を高めていくという公共事業にシフトすべきことは広範な合意を得られるであろう。しかしながら行政が事務局となって組織する審議会や有識者会議などの場には、そうした広範な人々の想いは届けられないことが多い。

筆者の提案に対して、利根川・江戸川有識者会議の場でなされた議論を紹介しておく。河川工学を専門とする虫明功臣委員は、雨水の浸透対策の提案に関しては「関さんがあげられた代替案について言いますと、部分的に効果があるところもありますが、利根川のような大流域の本川の治水計画ではほとんど効果はありません」と述べ、さらに水田に関しても「二〇〇年、一〇〇年、五〇年洪水に効くようなものではないというふうに判断しています」と否定し、「利根川治水には河道整備、遊水池プラスダムが必要」と、従来通りの三点セットの治水対策を訴えた（国交省・関東地整、二〇一三b）。

同じく河川工学を専門とする小池俊雄委員も、「八斗島の流量に支配する山地面積と水田面積の規模をお考えください。どれだけの割合であるかがおわかりになると思います。山地で降った雨が洪水を決めているんです、ほとんど。ですから効きません」と述べ、水田の貯留機能を高めるという治水対策を否定した（国交省・関東地整、二〇一三b）。小池委員は、山地に比して水田の面積比が少ないことを否定の根拠とした。では、森林整備という山地での対策なら効くのかというと、小池氏が委員長を務めた日本学術会議の河川流出モデル・基本高水評価検討等分科会は、森林整備による保水機能の向上も否定している（詳しくは後述）。結局、筆者が委員として提案した流域治水に関する要望は、河川整備計画にはいっさい反映されることはなかった。

水田の貯留機能

「水田が効かない」というのは本当であろうか。たとえば新潟県では二〇〇二年より「田んぼダム」に取り組みはじめ、二〇一二年現在で県内の一一市村にまたがる合計九五三九ヘクタールの面積で実施されている。新潟県の方式は、水田から農業用水路への排水桝に調整板を設置するだけというきわめて安価なものである（図14−1）。

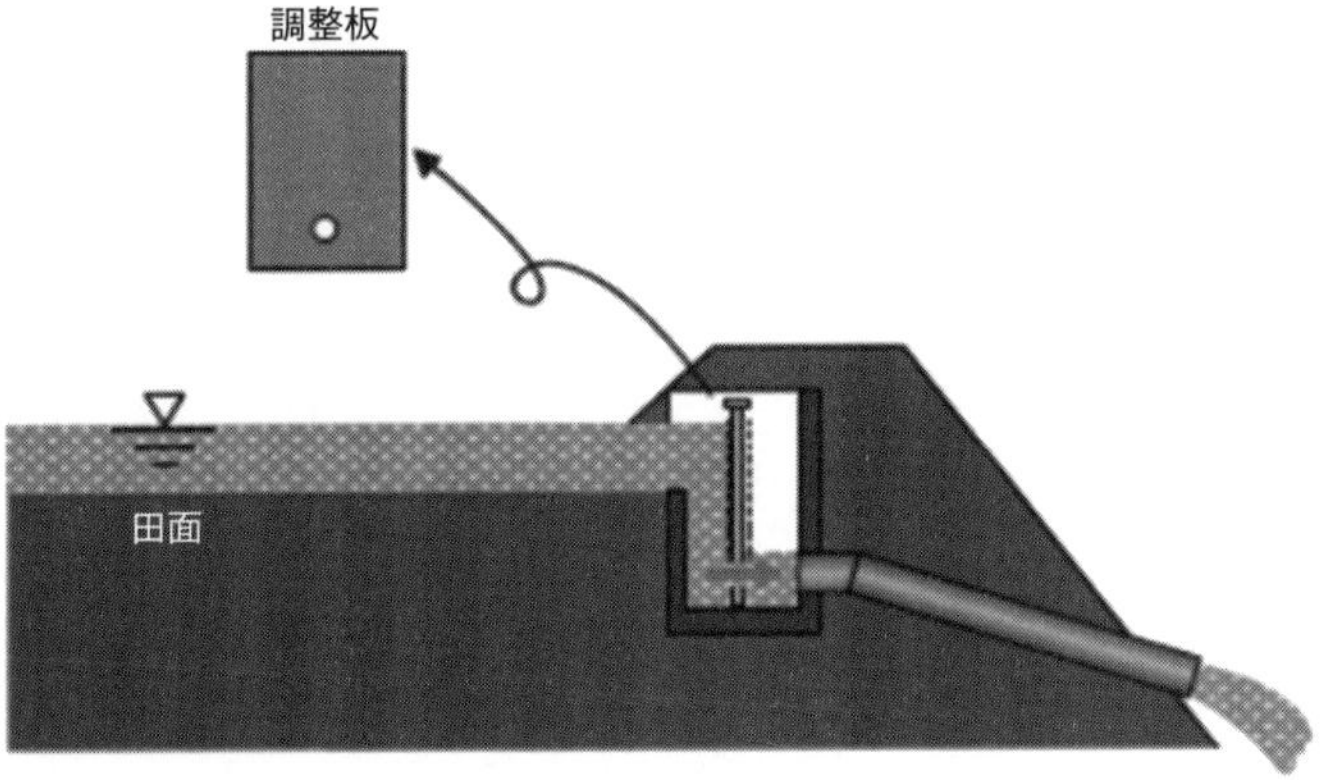

図14-1　新潟県で実施している調整板方式の田んぼダム整備（新潟県HP「田んぼダムパンフレット」より）
調整板の設置によって最大排出量をしぼれば、それ以上の雨水流入のあるピーク時に、雨水は畦畔の上限まで一時的に田んぼに貯留される。排出量は田んぼの面積に応じて調整する。

水田からの排水をしぼる調整板を設置すると、降雨のピーク時に排水溝からの流出量は水田への雨水の流入量以下の一定量にしぼられ、雨水流入量と流出量の差は水田に貯留される（**図14－1**）。調整板の排水穴を小さくして雨水の流出量をしぼれば、それを上回る雨水は水田に一時的に貯留され、洪水ピークが過ぎてからゆっくりと排水されることになる。水田から河川への流出総量は変わらないが、遅延効果によりピーク流量を削減できることになる（**図14－2**）。

新潟方式の田んぼダム整備は、大掛かりな土木工事を必要とせず、排水溝を調整するだけで実施可能な安価な事業である。新潟県の田んぼダムによるピーク時の流量の削減効果は、吉川ら（二〇〇九）の実証研究によれば、短期の集中豪雨型であるほど高い効果を発揮し、一〇〇年に一度確率の豪雨でピーク時における田んぼからの流出量の八〇パーセント

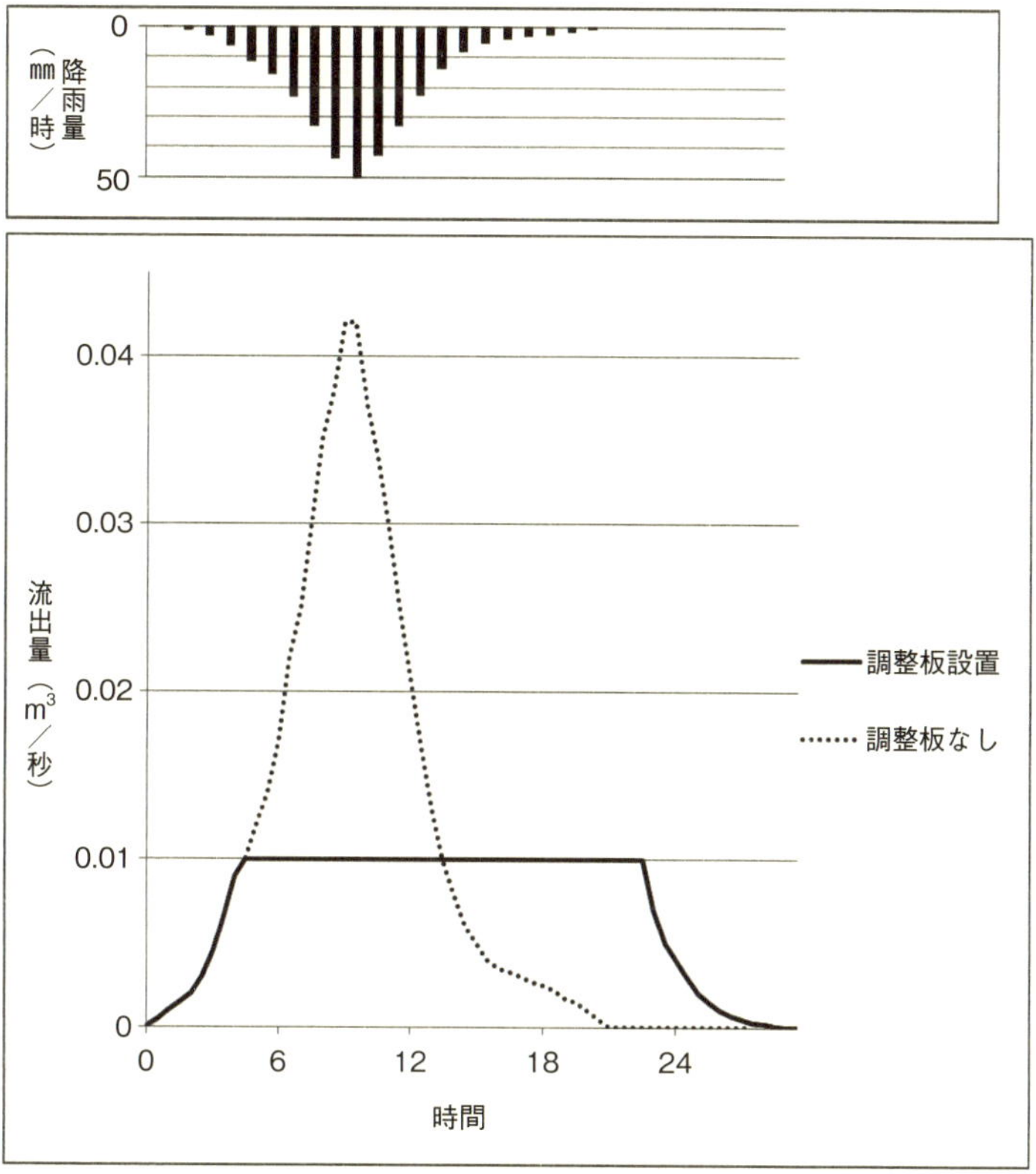

図14-2　調整板がある場合とない場合の水田からの流出量の差異
3反の水田に最大排出量を0.01m^3/秒にしぼる調整板を設置したときの効果の概念図。3反（3,000m^2）の水田に図のようにピーク時50mm/時で総雨量330mmの降雨がある場合を想定。ピーク時の水田への雨水流入量は0.042m^3/秒となるが、排出量を0.01m^3/秒にしぼる調整板を設置すれば、ピーク時流出量を75%ほどカットできる。

程度をカット可能である。

利根川流域でも山地に水田は多い。利根川の治水基準点は群馬県伊勢崎市の八斗島《やったじま》で、その上流域はほぼ山地である。そのうち水田は一八〇平方キロメートルあり、これは五一〇七・八平方キロメートルの流域面積の三・五パーセントに相当する（国交省・関東地整、二〇一一a）。この面積の水田の雨水貯留機能を向上させた場合、どの程度の効果が生まれるであろうか。八斗島上流域で降雨が一様なパターンで降ったと仮定し、三・五パーセントの面積で一様にピーク時の流量の八〇パーセントをカットした場合、単純計算でピーク流量の二・八パーセントをカットできることになる。

従来、八ッ場《やんば》ダムは二〇〇年に一度の確率の豪雨に対して、平均でピーク流量を二・七パーセントカットすると計算されていた。[*1] 八斗島上流域のすべての水田に調整板を設置していけば、八ッ場ダムに匹敵する治水効果を発揮できることになる。さらに八斗島上流域以外でも広く流域全体で実施すれば、八ッ場ダムより大きな治水効果を期待できることになる。

国交省も、民主党政権時代に行われた八ッ場ダム検証の場で、水田と河道掘削を組み合わせる代替案を検討していた。国交省の検討内容は、水田の畦畔をかさ上げして貯留機能を高めるというもので、新潟方式にくらべてコスト高な方式を想定していた。国交省は、この畦畔かさ上げ方式の実施案に関して「関係者も多くなることから、畦畔のかさ上げや継続的な維持管理を行うことはきわめて困難」（国交省・関東地整、二〇一一a）と結論し、代替案から退けたのである。

本当に「継続的な維持管理はきわめて困難」なのだろうか。農林水産省とも協力し、水田への雨水貯留が適切になされていることを条件に、農家への所得補償をしていけば、農家はモチベーションを高めて積極的に取り組むと思われ、実現性は高い。治水のみならず、食料安全保障に寄与し、減反に代わる農業支援策としても有効であり、治水以外の必要性も高いのである。しかも国交省の畦畔かさ上げ方式ではなく、新潟方式で実施すれば費用もほとんどかからない。

さらに田んぼダムというハード面の整備に加え、参加農家を中心に防災組合などを設立し、防災訓練を実施するなどソフト面の整備も拡充していけば、日頃の防災意識の向上にもつながる。ハードとソフトの双方の効果が相乗作用を及ぼして、災害の軽減につながるであろう。

持続性に関していえば、水田という緑のダムは、現実に過去二〇〇〇年間にわたって日本列島で機能しており、一〇〇年程度で堆砂容量が埋まるコンクリート製のダムよりもはるかに持続可能性は高い。人間の家族労働で定常的に補修・修築され維持・管理されている水田というダムは、実際に過去一〇〇〇年以上にわたって、政権が崩壊しようが戦国乱世になろうが絶えることなく守られてきた。「継続的な維持管理はきわめて困難」という国交省の水田治水に対する評価は検討不足である。

森林の保水機能

利根川における森林の保水機能の経年的な向上に関しては、すでに別稿でも論じてきた（関、二〇一一：二〇一三b：二〇一四）。重複になるが、本稿でも簡潔に要点のみを述べたい。まず、前掲の小池俊雄氏が委員長を務めた日本学術会議の河川流出モデル・基本高水評価検討等分科会の見解を引用しておく。同分科会は、利根川を対象に、国交省の貯留関数法モデルと、東京大学、京都大学が開発した分布型の東大モデル、京大モデルの三つの流出解析モデルを比較検討し、以下のように主張している。

流出モデル解析では、解析対象とした期間内に、いずれのモデルにおいてもパラメータ値の経年変化は検出されなかった。戦後から現在まで、利根川の里山ではおおむね森林の蓄積は増加し、保水力が増加する方向に進んでいると考えられる。しかし、洪水ピークにかかわる流出場である土壌層全体の厚さが増加するにはより長期の年月が必要であり、森林を他の土地利用に変化させてきた経過や河道改修などが洪水に影響した可能性もあり、パラメータ値の経年変化としては現れなかったものと考えられる。しかしながら、人工林の間伐遅れや伐採跡地の植林放棄などの森林管理のありようによっては、流出モデルのパラメータ値が今後変化する可能性も十分にあることに留意する必要がある（日本学術会議、二〇一一）。

国交省から利根川の基本高水流量の検証を依頼された日本学術会議は、森林が成長しても、「パラメータ値の経年変化は検出されなかった」と結論したのである。本当だろうか。

一九五一年における群馬県の森林面積は四一万五九四七ヘクタールで、森林蓄積量は一三四九・二万立方メートルであったが、その後の燃料革命によって薪炭採取や落葉採取のような森林利用は行われなくなり、造林も活発に行われ、一九九八年には森林面積四二万四四七八万ヘクタールと八五〇〇ヘクタール増加、森林蓄積量は七二六二・四万立方メートルと五・四倍に拡大している。[*2] つまり森林面積は一万ヘクタールほど増加し、蓄積量は五倍以上に増加しているのである。

日本学術会議は「森林をほかの土地利用に変化させてきた」と主張するが、ゴルフ場開発や宅地開発が行われているにもかかわらず、森林面積はなお純増している。また蓄積量の増加は、薪炭・落葉の過剰採取などによって荒廃していた林野が、鬱蒼とした森林に変化していったことを物語っている。

もし森林がこれだけ大きく変化しても「パラメータ値の経年変化が検出されなかった」のであれば、一九五〇年代の洪水を解析して構築した計算モデルのパラメータは、近年の洪水にもあてはまるはずである。もし一九五〇年代当時のパラメータで近年の洪水を計算したとき、計算流量にくらべて実績流量が小さくなる傾向にあれば、それは森林保水力の向上によって実績流量が低下してきた結果であると考えるのが妥当であろう。森林のほかに実績流量を低下させる要因は見当たらないからである。

国交省は二〇一一年に利根川の基本高水流量を検証することになり、戦後に利根川で発生した主要一〇洪水を解析し、新しい流出解析モデル（以下、新モデル）を構築した。国交省の新モデルの検討資料を見ると、森林の保水力を反映する「飽和雨量」というパラメータは経年的に増加していることが確認できる。飽和雨量を増加させないと、近年の洪水の実績流量を再現できないのである。国交省の資料によれば飽和雨量のパラメータは、奥利根では一九五八年の九〇ミリメートルから一九九八年には一四八ミリメートルに増加し、烏川《からすがわ》流域では一九五八年の一一〇ミリメートルから一九九八年には一六二ミ

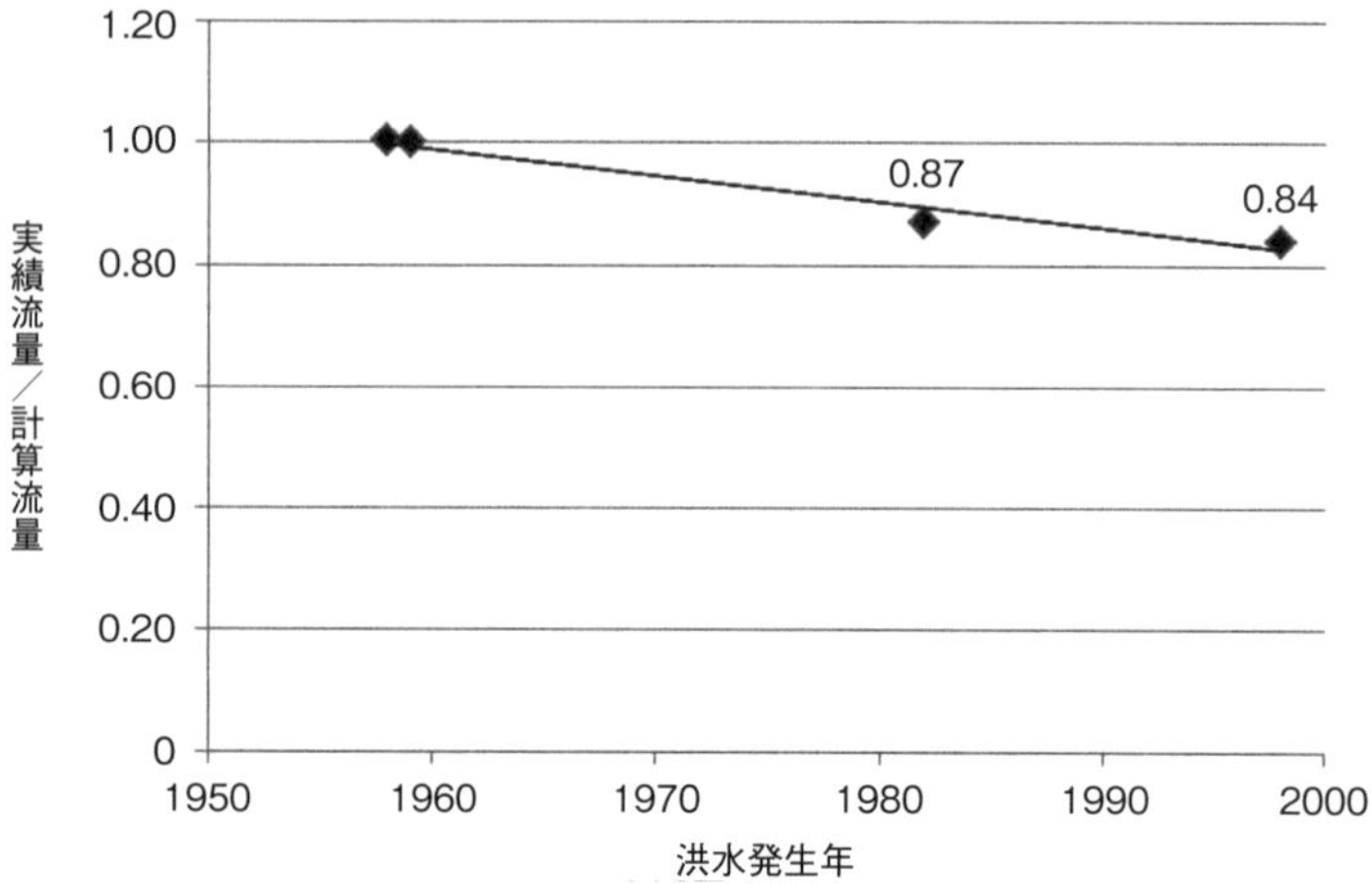

図14-3　国交省新モデルで計算した「実績流量／計算流量」の経年的変化（関、2014）
1950年代の森林が荒れていた当時のパラメータをそのままにして、1980年代と1990年代の洪水を計算すると、計算ピーク流量にくらべて実績ピーク流量は低下してくることが明らかになった。森林保水機能向上の証左である。

リメートルと、明らかに経年的に増加している（国交省・関東地整、二〇一一b）。

図14-3は、一九五八年当時の飽和雨量のパラメータ（奥利根九〇ミリメートル、吾妻《あがつま》川《がわ》無限大、烏川一一〇ミリメートル、神流川《かんながわ》一二〇ミリメートル）で固定したまま、国交省の新モデルで利根川の過去主要四洪水（一九五八年、一九五九年、一九八二年、一九九八年洪水）のピーク流量を計算して作成したものである。縦軸は〈実績流量／計算流量〉の値を示している。もし経年的に森林の保水力が増加しているのであれば、同じパラメータで固定した計算ピーク流量に対して、実際に流れた実績ピーク流量の値は低減してくるはずである。

筆者が計算してみると**図14-3**に示したとおり、一九八二年洪水では計算流量にくらべ

表14-1　３つのモデルによる実績流量／計算流量の経年的低下傾向

	1958年洪水	1959年洪水	1982年洪水	1998年洪水
国交省新モデル	1.00	1.00	0.87	0.84
京大モデル	1.06	0.85	0.87	0.90
東大モデル	1.03	1.17	0.96	0.86

３つのモデルには、それぞれモデル固有の特徴による誤差がある。京大モデルと東大モデルは1959年洪水の降雨波形の計算に大きな誤差があり、しかも誤差が逆方向に出ている。しかし、誤差を勘案したうえで、おおまかな傾向をみれば、いずれも1950年代にあてはまったモデルは、1980年代、1990年代にあてはまらず、実績流量が低下傾向にあることが確認できる。
国交省新モデルに関しては、国交省・関東地整（2011ｂ）を参照して計算。京大モデルと東大モデルは、日本学術会議（2011）を参照。東大モデルと京大モデルにはピーク流量の数値が記載されていないことからグラフを読み取って計算した。

て実績流量が一三パーセント低下、一九九八年洪水では同じく一六パーセント低下。明らかに経年的に実績洪水流量は低減傾向にある。これは、森林の保水機能が経年的に増加傾向にあることを示している。

日本学術会議は、第三者の立場で国交省の新モデルの妥当性を確かめるため、貯留関数法よりも汎用性の高い分布型モデルでも検証を試みている。京都大学と東京大学がそれぞれ開発した「京大モデル」「東大モデル」によるピーク流量の計算結果を示したのが**表14-1**である。

各モデル固有の問題によって、降雨波形ごとの計算誤差はあるものの、異なる三つのモデルそれぞれが経年的に実績流量の低下傾向を示している。宅地造成やゴルフ場開発や河道改修など洪水流量を増加させる要因もあるにもかかわらず、実績流量が低下してきていることは明らかである。これは、森林保水力の向上によるプラスの効果が、宅地造成のようなマイナス効果を上まわっているからにほかならない。

日本学術会議が三つのモデルで検証した結果、飽和雨量のパラメータを変化させなければならないことは明らかであるにもかかわらず、「パラメータ値の経年変化は検出されなかった」と主張するのは、遺憾ながら、行政に配慮して結論を歪曲したと推測するしかない。

もっとも日本学術会議の前掲引用箇所の中で、最後の一文の「人工林の間伐遅れや伐採跡地の植林放棄などの森林管理のあり方によっては、流出モデルのパラメータ値が今後変化する可能性」という指摘には筆者も同意する。不適正な森林管理が流出に悪影響を与える可能性を認めつつ、他方で半世紀に及ぶ植生回復の効果を、データ解析することもなく言下に否定するのは矛盾としかいいようがない。

ともあれ、森林の保水機能を高めるため、間伐遅れが生じないよう森林整備を積極的に推進せねばならない。さらに追加的な対策としては、間伐された丸太を、木杭として崩壊の危険性がある森林斜面に打設するなどしていけば、表層崩壊の防止にも寄与するものと思われる。そのような工夫は、土砂災害対策であると同時に、炭素を地中に長期に固定する機能ももち、気候変動の緩和策にもなろう。

流域の保水機能を河川計画に反映するには

巨大ダムやスーパー堤防など、数千億から兆単位の莫大な予算を費やし、自然環境とコミュニティーを破壊するという甚大な副作用をもつ治水事業は、財政的、技術的、社会的に明らかに限界に直面している。国交省の水管理・国土保全局は、本稿でみてきたような水田や森林の治水機能を評価し、治水行政の幅を河道の外側へも積極的に広げるよう努力すべきである。

流域治水を実施するうえでの最大の障害は縦割り行政であろう。縦割り行政は自然環境を細切れに分断し、専門家の思考の枠も狭めて所管官庁に従属させる作用を果たしてきた。本稿で確認したように、河川行政は一貫して森林の機能を軽視してきた。同様に森林行政も自らの施策が河川に与える悪影響から目を背けている。林野庁の近年の施策は、下流への影響を直視せず木材生産ばかりを重視し、過密な路網整備と過剰な伐採を促し、森林の緑のダム機能を損なう方向に傾斜している。

流域治水は、林野庁、国交省の水管理・国土保全局と道路局、農林水産省などの中央官庁から地方自治体、地域の町内会にいたるまで、横方向と縦方向の協力関係がなければ実現は難しい。複数省庁の横断的組織としては「健全な水循環系構築に関する関係省庁連絡会議」が設置されている。こうした組織の機能・権限を拡張し、各省庁・各部局が縦割りの思考法から脱却し、部局横断的に予算を融通し、地域住民と協働して流域治水を実現すべきであろう。

＊1——衆議院での質問主意書に対する二〇〇八年六月六日の政府答弁書（内閣衆質一六九第四三二号）。
＊2——林野庁『林業統計要覧』（一九五三年版）、群馬県『群馬県林業統計書』（一九九九年版）などをもとに、国立国会図書館調査局が集計。詳しい時系列データは嶋津暉之・清澤洋子著『八ッ場ダム——過去、現在、そして未来』（二〇一一、岩波書店）を参照のこと。

引用文献

嘉田由紀子　二〇一四　滋賀県流域治水の推進に関する条例案　滋賀県議会提出議案、議第八二号　二〇一四年二月一八日　http://www.shigaken-gikai.jp/voices/GikaiDoc/attach/Gk/Gk3505_gi-82.pdf（二〇一四年三月二九日取得）
国土交通省・関東地方整備局　二〇一一a　八ッ場ダム建設事業の検証に係る検討報告書
国土交通省・関東地方整備局　二〇一一b　利根川の基本高水の検証について　二〇一一年九月
　http://www.ktr.mlit.go.jp/river/shihon/river_shihon00000192.html（二〇一四年一月一〇日取得）
国土交通省・関東地方整備局　二〇一三a　利根川水系利根川・江戸川河川整備計画【大臣管理区間】
　http://www.ktr.mlit.go.jp/ktr_content/content/000078521.pdf（二〇一四年一月一〇日取得）
国土交通省・関東地方整備局　二〇一三b　第一〇回利根川・江戸川有識者会議・議事録
　http://www.ktr.mlit.go.jp/ktr_content/content/000077970.pdf（二〇一四年一月一〇日取得）
日本学術会議　二〇一一　河川流出モデル・基本高水の検証に関する学術的な評価（回答）
　http://www.scj.go.jp/ja/info/kohyo/kohyo-21-k133.html（二〇一四年一月一〇日取得）
新潟県農地部　二〇一〇　田んぼダムパンフレット——新潟発　地域を水害から守る田んぼダム
　http://www.pref.niigata.lg.jp/HTML_Article/217/440/tanbodau4-6,0.pdf（二〇一四年一月一〇日取得）
関良基　二〇一一　基本高水はなぜ過大なのか——国交省の作為と日本学術会議の「検証」を問う　世界　八二二：
　二九六—三〇六頁
関良基　二〇一三a　流域治水に関する意見書——流域全体で雨水の浸透・貯留機能を高め水害を緩和する　二〇一三年
　三月八日　第一〇回利根川・江戸川有識者会議配布資料
　http://www.ktr.mlit.go.jp/ktr_content/content/000077980.pdf（二〇一四年一月一〇日取得）
関良基　二〇一三b　八ッ場ダム問題と利根川・江戸川有識者会議　環境と公害　四二（三）：二八—三四頁
関良基　二〇一四　利根川流域の森林保水機能の向上と八ッ場ダム問題　宇沢弘文・関良基編　社会的共通資本としての
　森　東京大学出版会（予定）
吉川夏樹・長尾直樹・三沢眞一　二〇〇九　水田耕区における落水量調整板のピーク流出抑制機能の評価　農業農村工学
　会論文集　七七（三）：二六三—二七一頁

グリーン・インフラストラクチャーとしてのEUの治水

保屋野初子

二〇一三年九月にオーストリア連邦下オーストリア（ドイツ語ではニーダーエスターライヒ）州で何カ所かの治水施設を訪ねる機会があった。その一カ所が、牧草地を遊水地として利用するハルターバッハ遊水地である。州担当者に代わって案内してくれたコンサルタント会社の技術者らの説明によれば、そのような小規模な遊水地がドナウ支流にいくつも設置されるようになっており、治水手法としての「集水域管理（catchment management）」[*1]を担っているという。

日本における緑のダム論は、森林の水源涵養機能の程度をめぐる狭い意味での科学論争である。一方、ヨーロッパにおいては近年、広義の緑のダムとみなせるような「グリーン・インフラストラクチャー」（green infrastructure：以下、グリーンインフラ）という考え方が議論されている。グリーンインフラの機能については科学的解明の途上にあるというが、二〇一三年には欧州共同体（以下、ＥＣ）から欧州連合体（EU）議会などにグリーンインフラ政策の伝達（COM（2013）249 final）が出された。それによると、これまでの工学的な「灰色のインフラ」（gray infrastructure）から自然の機能を活用した「緑のインフラ」へと社会基盤整備を転換していこうという方針である。

本稿では、日本における緑のダム論を、社会的観点からの広い政策的議論へと開いていくための参照として、グリーンインフラ概念にそったEUの水管理政策の考え方と施策を、オーストリアの治水政策を中心に紹介したい。

山間地の牧草地を遊水地として活用

下オーストリア州のハルターバッハ遊水地は、ウィーン市からドナウ川上流域へ一時間余、ドナウ川支流域の山間地にある牧草地である。そこを含むヴァッハウ渓谷一帯は文化的景観で世界遺産に登録されている。遊水地は周りの牧草地と同様に緑に覆われ、内側が大きく窪んだお盆のような形状をしている。脇を流れる小さな渓流の洪水を一時的にため、下流域に位置するオベルベルゲン村を守る治水施設として七年前に完成した（**写真15-1、15-2**）。総貯水量一〇万立方メートル、最大で三五立方メートル／秒の洪水ピークカットができ、下流には最大でも二二立方メートル／秒しか流下しない設計となっている。これまでに何度か使用され、最大の洪水時には貯水量の半分くらいに達したという。

この遊水地の場合、牧草地全体を掘り下げて下流側に土堤を築いているが、渓流河道はほとんど変更

写真15-1　牧草地を利用した下オーストリア州のハルターバッハ遊水地

写真15-2　小さな渓流で起こる数年に１回程度の洪水から下流の村を守る

しておらず、排水口から土堤直下の放流口までは魚類が行き来できる構造にしてある。土地所有者は牧草地として利用しながら遊水地利用に対する補償（一時金として一平方メートル当たり二・九ユーロ）を受け取ることができ、洪水被害にさいしては農業補助金で補償される。一方、州政府は堤防部分を買い取っただけなので、総事業費が税込（二〇パーセント）で七〇万ユーロ（一億円弱）と割安であり、費用対効果が高い治水施設とされる。この遊水地は、約二〇平方キロメートルある集水域の上流での局所的降雨や雪解けによる数年に一度規模の洪水から小さな村を守る、「集水域管理」と呼ばれる〝河道外での治水手法〟の一つと位置づけられる。

このような支流レベルでの集水域管理は、ドナウ川本流ぞいの治水とは目的と性質を異にするが、小規模な洪水貯留を集積することで本流の洪水ピークカットにも貢献すると説明される。集水域管理の要点は、最小限の人工構造物によって景観と生態系へのダメージを最小限に抑え、河道外の洪水貯留を組み合わせることにある。

「灰色のインフラ」より「緑のインフラ」

ハルターバッハ遊水地のように、大規模な改変や構造物を避け、自然の地理的条件や生態系、農林地を利用して治水などの社会基盤機能を計画的に発揮させせようというのが、緑のインフラ、すなわちグリーン・インフラストラクチャーの考え方である。ECの伝達（COM（2013）249 final）では、グリーンインフラとは「自然のもつ解決力を通して生態的・経済的・社会的な利益を達成するための、その効果が実証された手段（傍点引用者）」であり、次のように定義される。「広範な生態系サービスを提供するようデザインされ管理された自然および半自然領域が、ほかの環境的諸特徴をともなうかたちで戦略的に計画されたネットワーク。これは、緑の空間（水生態系がかかわる場合は青い空間）と、ほかの陸域（海岸を含む）および海域とを連結する。陸地においては田園にも都市環境にも存在する」。

さらに、コスト的な利点が強調される。自然そのものや自然が備えている機能をうまく使うことは、建設コストが高い従来の施設インフラに依存しないですみ、より持続性がある解決法となるし、地域に仕事を創出することもできる。したがって、単一目的しかもたない「灰色のインフラ」とくらべ、「緑のインフラ」には多くの利点があり、灰色の解決法の代替、あるいは補完となりうる。

ひらたくいえば、従来の土木・工学にもとづいたコンクリートや鉄などでダムや護岸や浄水施設などを建設するよりも、地形形状や植生、土壌、水域などがもっている保水や水質浄化などの諸機能を発揮させるよう設計・管理するほうが、社会にとって得策だというのである。また、たとえば湿地一カ所で生物多様性、水質浄化、地下水涵養、レクリエーション、漁業など、〝あれもこれも（win-win）〟を同時に満たす多機能性がある（EC, 2010）こともメリットである、と。ただし、グリーンインフラには「科学的にその効果が証明しきれていない」という課題がある（EC, 2012）。それにもかかわらずEUが本格的に政策推進に動きだした背景には何があるのだろうか。

二つの危機感とグリーンインフラ

ＥＵのグリーンインフラ方針は、二〇一〇年に名古屋市で開催されたＣＯＰ10（生物多様性条約第一〇回締約国会議）の国際合意、いわゆる愛知ターゲットが直接の生みの親である。そこでは、世界の陸地の一七パーセント、海洋の一〇パーセントを生態系保護区域にする目標などとともに、日本が提唱するＳＡＴＯＹＡＭＡイニシアティブが採択された。愛知ターゲットを受けて二〇一一年に策定されたＥＵの新たな生物多様性戦略二〇二〇では、六つの目標を掲げ、それらを達成していく手段の一つにグリーンインフラを位置づけたのである。

実際には、ＥＵの生物多様性への取り組みはずっと以前に遡る。一九七九年の鳥類指令、一九九二年発効の生息地指令、一九九四年には生物多様性条約を批准し、なかでも生息地指令によってNatura2000という生物保護区ネットワークを広げていった。その保護区面積は陸域だけでＥＵ全土の約一八パーセントに及ぶ（EU MAG, 2012）。

先述のグリーンインフラの定義が「ネットワーク」を重視し、代表的な具体例としてグリーンブリッジ（高速道路などで分断された動植物の生息地を計画的につなげる施設）を挙げていることなどとあわせると、グリーンインフラの原点が「生息地をつなぐ」、つまり保護区をネットワークする緑の回廊的な手法であることが推測できる。ところがグリーンインフラの目的にはもう一つ、人間に価値あるサービスを与えつづけてくれる多様な景観がもつ生態系を保護・再生することがあり、それを実現するカギが空間利用計画にあるとしていて、保護区以外でも緑を増量し連結していく拡張段階に入ったと理解することができる。

この背景には、Natura2000の推進によってもヨーロッパの生物多様性の状態が全体として悪化していること[*2]への危機感があり、それ以外の広範な人間活動領域にも政策の網を広げて生物多様性の劣化を食い止めなくてはならないということであろう。実際、ＥＵの新戦略は、六つの目標達成のための施策として、保護区ネットワークの完成、グリーンインフラの推進、農林漁業政策を生物多様性政策に編入、侵略的外来種対策、消費・貿易の改善を挙げて、自然資源に直接かかわる人間活動のほぼすべてに生物多様性政策を拡張していくことを明確にしている（COM（2011）244 final）。

もう一つの背景は、気候変動への危機感である。気候変動が引き起こす負の影響に対して、ＥＵは生態系にもとづく（ecosystem-based）解決手法、つまり、自然の脅威に対して〝順応（adaptive）〟していく戦略を立てている。生物多様性や生態系サービスを強化するグリーンインフラ政策は、その重要な道具になりえ、特に、災害に対する粘り強さ（disaster resilience）という点からグリーンインフラの効果が期待できる。つまり、氾濫原、河畔林、山岳防災林、砂州浜、海岸湿地などの機能を防災施設と組み合わせることで、洪水、地滑り、雪崩、森林火災、嵐、高潮といった自然災害による損害を減らすことができる（COM（2013）249 final）と考えるのである。

「生態系サービス」を仲立ちに施策化

ところで、ＥＵはグリーンインフラの効果については「自然の本質はさまざまな機能が複雑につながり相互に関係していることから、多機能性を全体として用いることが最大の効果を引き出すわけだが、そのことを実証するのはかなり難しい」（EC, 2012）と、科学的に証明しにくいことを認めている。そこで、グリーンインフラ概念を施策に移す仲立ちに「生態系サービス」を用いていることに注目したい。生態系サービスは、もともと環境経済学者らが自然環境の価値を金銭換算しようと試みたものだが、国連のミレニアム生態系評価（Millennium Ecosystem Assessment, 2005）によって、自然が人間にもたらす福利を供給サービス、調整サービス、文化的サービス、基盤サービスの四種に大きく分類し、生物多様性の劣化を食い止める政策に供するために提示された概念である。これが、愛知ターゲットでは二〇の目標の一つとして「自然の恵みが提供され、回復・保全される」、ＥＵの新戦略では二〇五〇年までに生態系サービスを保全、評価、回復するというビジョンとして導入されている。

生態系サービスを用いる利点は、たとえば、ＥＵ域内で昆虫による受粉という生態系サービスによる経済的効果は年間一五〇億ユーロ（EU MAG, 2012）というように、環境の価値の一部を経済的価値に数値換算して政策の根拠として利用できるところにある。つまり、生物多様性という自然界の状態を人間社会にフィードバックして、双方向的な関係のあり方、すなわち「自然との共生」の仲介役として使えるのである（**図15–1**）。このような生態系サービスの用い方からややふみこんで解釈すると、自然か

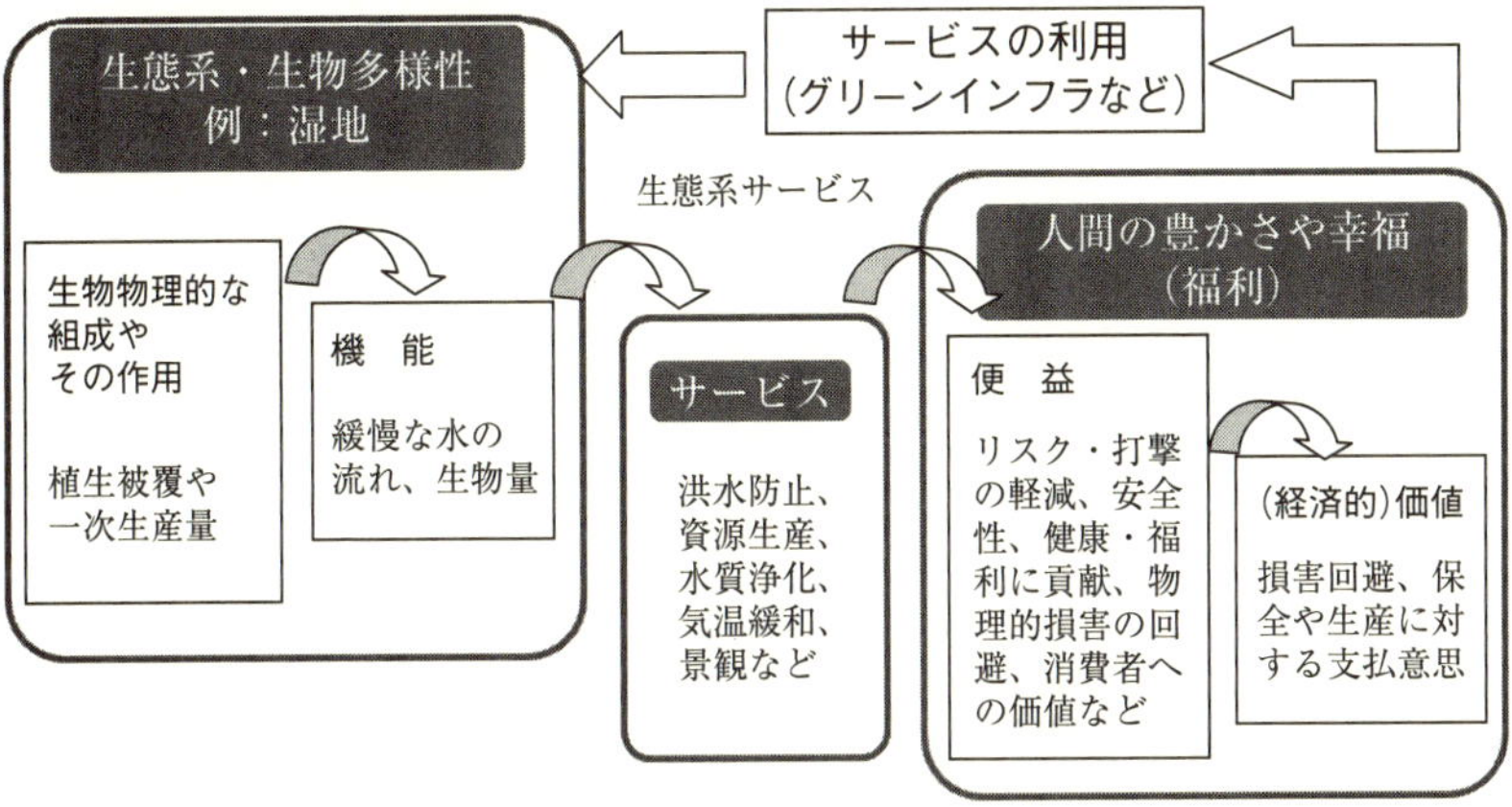

図15-1　生態系サービスを介したグリーンインフラの仕組み
（生態系と生物多様性の経済学〈TEEB〉報告書第０部〈地球環境戦略研究機関仮訳〉を改変）

人間か、発電か漁業かといった旧来の対立図式を回避し、生態系の価値を社会的価値に転換し、多目的な施策として展開することが、グリーンインフラの戦略だということになろう。

EU治水のカギは流域管理・氾濫原再生・住民参加

前段が長くなってしまったが、グリーンインフラと治水政策との関連にしぼろう。前述のようにグリーンインフラは「生態系にもとづく解決手法」といえるが、この政策にはヨーロッパの水政策、わけても河川事業と生態系保全との対立を乗り越えようとする試行錯誤の歴史も流れこんでいる。筆者が二〇〇〇年に訪ねたオランダ、ドイツ、オーストリアでは「河川再自然化」と呼ばれる先駆的な自然再生事業がそれぞれ始まっていた。いずれも氾濫原のもつ

写真15-3　近自然工法による都市河川の改修（下オーストリア州のクレムス川）

多機能性に着目し、水辺の生態系のダイナミズムを回復することによって治水に生態系再生を組みこむ試みであった。河川生態系の改善については それ以前から近自然工法（**写真15－3**）が実施されていたが、それが既存の河道内での対策であるのに対し、河川再自然化は氾濫原や農林地、旧河道など河道外にも川・水の領域を広げて生態系回復をより重視した、当時はまだラディカルで実験的な施策であった（保屋野、二〇〇三）。

そのような実験的事業およびモニタリングがヨーロッパ各地で積み重ねられ、「生態系にもとづく解決手法」は二〇〇〇年発効のEU水枠組み指令（EC, 2000）に導入された。この指令の特徴は、各施策が治水・水源涵養・水質改善・生態系回復・レクリエーションなど複数の目的を同時に果たす「統合的水資源管理」を目指すこと、その管理は河川流域単位で策定する「流域管理計画（river basin management plan）」にもとづくこと、そして「関係住民・一般市民の参加」の保証である。この指令によって各国は、国境をまたぐ山地から海までつながる水の状態について二〇一五年までに「生態学的かつ化学的に良好な状態」を達成しなければならず、河川政策において生態系の改善は必須となったのである。

二〇〇七年にはさらに、ＥＵ洪水リスク指令（EC, 2007）（以下、洪水指令）が発効した。この指令の主な目的は、気候変動によって予測される将来的な洪水リスクに対応することで、水枠組み指令に気候変動への適応策を上積みするものといえる。各国は、水枠組み指令に従って策定する「流域管理計画」に、洪水リスク管理として、可能な場所では氾濫原の維持または再生手法を検討しなければならなくなった。二〇〇〇年当時はそれほど重視されていなかった気候変動への適応策としての生態系機能にもとづく治水が、その後の大洪水の頻発と水害発生を受けてそのウエートを増したのである。ドイツ、バーデン＝ヴュルテンベルク州が一九九〇年代から実施していた統合ライン計画の「生態学的治水」手法を主流に位置づけたのである。

以上のように、ヨーロッパの水政策のカギとなる手法は「流域管理」「氾濫原の再生」「住民参加」である。付け加えると、水枠組み指令の定義する「流域（river basin）」とは、あらゆる表層水が連続的に動き海にいたる陸域を指し、計画の対象は、こうした流域と地下水沿岸水とがつながった陸から海までの「河川流域区（river basin district）」としており、国境を越えた流域管理を目指している。

オーストリアの〝受身の治水〟の優先

再びオーストリアにもどり、治水政策にグリーンインフラがどう具体化されているか見てみよう。オーストリアは面積八万四〇〇〇平方キロメートル、人口約八四五万人の小国だが、治水や防災策においてはＥＵに先駆けて政策を革新してきたことを誇る。というのも、国土の地形的な骨組みがアルプス山系とドナウ川であり、水資源に恵まれる一方、扇状地、氾濫原に居住域が集中し、水害、土砂崩れ、雪崩などの自然災害を受けやすい特徴をもつからである。特に近年はドナウ川の大洪水が頻発し（二〇〇二年、二〇〇五年、二〇一三年など）、二〇〇六年に連邦政府は新たな治水政策「オーストリアの治水」（Federal Ministry of Agriculture, Forestry, Environment and Water Management, 2006）を国民に向けて発表した。

その要点は、構造物によらない治水への移行である。「できるところでは、……構造物によらない〝受身の（passive）〟洪水対策を採用する」方針で、その趣旨は、いかなる自然への干渉においても生態的な配慮を行い、水と景観を保全する手法でなければならない、というものである。そこで治水計画策定における優先原則を次のように明確にしている。①受身の（非構造物の）洪水防御が、能動の（active）洪水防御（構造物による対策）に優先する。②集水域での対策が、主流での対策に優先する。③保水策が、河道での構造物による（linear structual）対策に優先する。④建設においては自然および近自然的な方法が、そうでない方法に優先する。

写真15-4　護岸撤去と水制の付け替えによって、河川生態系再生と船舶航行とを両立させる（ドナウ氾濫原国立公園内）

こうした原則をもつ〝受身の治水〟の優先は、日本に置き換えてみるならば〝あふれることを許容する治水〟あるいは〝流域治水〟の優先ということになり、治水安全度の序列づけを含みこむことが理解できよう。

実際、オーストリアでは、以前からの居住域や重要な経済活動地域に対しては統計上一〇〇年に一度確率洪水への対処を、それより重要度が低いところには三〇年確率洪水への対処を、農林地は対処しないことを明確にしている。[*3] ただし、構造物を完全に排除したのではなく、重要度の高い地域や文化的景観上の価値が高い地域は、依然として構造物によって防御する手段を残している（**写真15-4**）。

民主主義国で右のような安全度の序列づ

けをするには、関係住民や市民の合意が必要なことは言うまでもなく、水枠組み指令以下の国の制度において、計画策定の早い段階からの合意形成が義務づけられている。

森林政策においても、鉄砲水、土石流、雪崩、斜面変動、落石などへの防災策は〝受身〟と〝能動〟の対策の組み合わせとなっており、集水域によって、砂防ダムで防ぐ、あるいは適切な植生で覆うことで防ぐ場合もある。雪崩対策には樹齢にばらつきのある多層かつ閉鎖した森が最も防災力があるが、そうでないところでは金属製の防雪柵などを設置する。雪崩が発生しやすい集水域の防御林管理には特殊な森林技術が発達してきた。

保護林には、森林自体を守る保護林と、人間や居住地や農地土壌を守る防災目的林とがある。オーストリアの持続可能な森林管理基準の一つは、水および土砂災害への防災機能を維持し適切に強化することである、としている（Federal Ministry of Agriculture, Forestry, Environment and Water Management, 2012）。

緑のダム議論をもっと広げる

オーストリアの治水政策は、生態系に対する〝受身の〟手法を優先させる方向を明確にした。それは、ヨーロッパの水政策の文脈では「生態系にもとづく解決手法」であり、グリーンインフラの施策化でもある。河川についてはヨーロッパは今、公務員技術者、コンサルタント、大学、ＮＧＯなど多様な人々が多彩なアプローチで「河川再生」に取り組むなかで、新たな知識や技術の開発のまっただなかにある（ERRC, 2013）。

現在の日本の緑のダム議論は森林のさまざまな機能のうちの一つか二つの機能やメカニズムに関する科学論争が中心であり、これに決着がつかないから治水計画にも採用しないという論理が施策化を遅らせている。その一方で、地方行政においては森林の多面的機能を生かして水源涵養や防災や林業などの諸施策に統合的に取り組もうと流域管理政策が試みられている。ヨーロッパでも、いちはやく新しい治水を試してきたのは州政府やNGOなどであり、日本でも住民の身近なところで実績を積み重ねることが重要である。と同時に、緑のダムをより大きな枠組みのグリーンインフラとして政策展開する可能性を議論していくべきであろう。

＊1――集水域管理（catchment management）と流域管理（river basin management）の明確な使い分けはないようだが、EUの河川再生事業のコンサルタントのアレクサンダー・ジンケによると、一般的には「集水域管理」が使われ、EU水枠組み指令が規定する集水域を指す場合には「流域管理」ということが多いという。本稿では、それにしたがった。

＊2――二〇一〇年時点で、ヨーロッパに生息する哺乳類、両生類、鳥類などを含むすべての動物種の二五パーセントが絶滅の危機に瀕している（EU MAG, 2012）。

＊3――ただし、一九九〇年以前に建築された建物や構造物はこの原則の限りでない。また、法令が遵守されていない建造物は、水害のさいの被害支援の補償を受けることができない。

引用文献

地球環境戦略研究機関　二〇一一年九月現在　生態系と生物多様性の経済学（ＴＥＥＢ）報告書日本語版（仮訳）第0部：生態学と経済学の基礎
http://www.iges.or.jp/jp/archive/pmo/pdf/1103teeb/teeb_d0_j.pdf（二〇一四年三月三〇日取得）

COM（2011）244 final, Our life insurance, our natural capital: an EU biodiversity strategy to 2020.

COM（2013）249 final, Green Infrastructure (GI) — Enhancing Europe's Natural Capital.

EC. 2000. Directive 2000/60/EC of the European Parliament and of the Council of 23 October 2000 establishing a framework for Community action in the field of water policy.

EC. 2007. Directive 2007/60/EC of the European Parliament and of the Council of 23 October 2007 on the assessment and management of flood risks.

EC. 2010. Green Infrastructure.
http://ec.europa.eu/environment/nature/info/pubs/docs/greeninfrastructure.pdf（二〇一四年三月三〇日取得）

EC. 2012. Multifunctionality of Green Infrastructure. Science for Environment Policy, IN-DEPTH REPORT.

ERRC. 2013. http://www.restorerivers.eu/NewsEvents/ERRC2013/tabid/3167/Default.aspx（二〇一四年三月三〇日取得）

EU MAG（駐日欧州公式ウェブマガジン）2012「ＥＵの生物多様性戦略」(2012.9.14) http://eumag.jp/issues/c1012（二〇一四年三月三〇日取得）

Federal Ministry of Agriculture, Forestry, Environment and Water Management. 2006. Flood Protection in Austria.
公式サイト
http://www.lebensministerium.at/en/fields/water/Protection-against-natural-hazards/Floodprotectionaus.html（二〇一四年三月三〇日取得）

Federal Ministry of Agriculture, Forestry, Environment and Water Management. 2012. Forest management is sustainable in Austria.

http://www.bmlfuw.gv.at/en/fields/forestry/Forestmanagement.html（二〇一四年四月二二日取得）
保屋野初子　二〇〇三　川とヨーロッパ——河川再自然化という思想　築地書館
Millennium Ecosystem Assessment. 2005. Ecosystems And Human Well-Being. Biodiversity Synthesis, World Resources Institute.

コラム

水循環基本法とEU水枠組み指令
――「流域」が主役となる水政策

保屋野初子

二〇一四年三月、第一八六回通常国会で衆議院を通過して水循環基本法（以下、水循環法）が可決成立した。ヨーロッパでは、二〇〇〇年に発効したEU水枠組み指令（EC, 2000）（以下、水指令）による二〇一五年の目標年に向けて各国が対応を急いでいる。本コラムでは、この二つの法律の目的やアプローチ、施策などの基本的な要素を比較し、日本の水循環法の課題を考える。

水政策の「統合」という共通課題

水に関する政策や制度は、縦割り行政や制度間の整合性がなく、生態系の劣化、厳しさを増す水事情のなかで非効率と弊害が目立ち、それらの政策・制度を総合的かつ一貫したものに再編する必要に迫られている。この課題は日本特有のものではなく、世界各国・地域に共通する。解決手法として、海外では「統合的水資源管理」という考え方による施策が試みられている。

その先進地であり水政策のお手本とされるヨーロッパのEU水指令が目指す「統合」は、体系立っていなかったECの水政策・制度を新たな考え方で整理統一すること、国家間・地域間でばらばらな水政策を統合することの両方を意味する。加盟国内では指令にそって国内法を体系的につくり替えることとなり、とてつもない挑戦である。日本の水循環法は、三〇余ともそれ以上ともいわれる水に関する国内諸法を「水循環」というキーワードによって「統合」の方向に向けていこうという、初めての法律である。単一国内を対象とする「統合」へのハードルはEUよりはるかに低いはずだが、実際には官庁縦割りの鉄壁ともいえる領域（なわばり）境界線をゆるめ、取り外していく作業となり、本気で取り組めば、これもまたとてつもない挑戦となろう。この法律の趣旨は、報道されているような、水源地を外資の買収から守るといった矮小化されたものではなく、日本の水政策の基本となるべきものなのである。

理念的な法とガイドライン的な法

水循環法と水指令のそれぞれの目的（理念）を見てみよう。前者は「（前略）水循環に関する施策を総合的かつ一体的に推進し、もって健全な水循環を維持し、又は回復させ、我が国の経済社会の健全な発展及び国民生活の安定向上に寄与する」（第一条）である。一方、水指令は、「陸域の表層水、移行水域、沿岸水、地下水を保護するための枠組みを確立する」と対象を明らかにしたうえで、五つの主要な施策目標についても記す。「水生態系のこれ以上の悪化を防ぎ、保護し改善すること、また、水生態系に直接依存する半陸域生態系と湿地生態系も同様に保護し改善する」を筆頭に、持続可能な水資源の利用、すべての汚染物質の排出削減、洪水と干ばつの影響の軽減を掲げる。目的に一章を割き、「統合」

すべき施策を具体的にリストアップしていることが特徴である。

この目的表記の違いにみられるように、水循環法と水指令との大きな違いはその分量と詳しさにあり、ちなみに、水指令の分量たるや二段組み七二ページ、かたや水循環法は一段七ページ。水指令は、各国がこれに従って自国の法律・制度を変更していくさいに〝使える〟ガイドラインとして、たとえばモニタリング実施などにかかわる行政の仕組みも示すなど実効性が高いものとして設計されている。加盟各国にとって、これは国内法を大変換させる強制力をもつOS（基本ソフト）でありアプリケーションでもある。一方の水循環法は、目的と方針の骨子だけを表明し、あとは時間をかけて施策を具体化していく前提の理念法である。この法案が成立したからといって、何もしなければ文字通り〝絵に描いた餅〟で終わる。

このように両者の法としての位置づけ、それによる効力の違いをわきまえておかなくてはならないし、一概に比較することは困難である。しかし、水政策の「統合」という課題に対してはそれぞれ、「健全な水循環の維持、回復」「水生態系の保護、強化」と、目指すところは根本的には共通している。

法律の概要の比較

法律としての性格の違いを承知のうえで、あえて水循環法と水指令を単純に比較してみた（**表**）。

法律の目的、達成のための基本的アプローチとして「流域」を単位とする点など大枠で共通項がみられる。しかし、水循環法における「計画」は流域単位とは規定されておらず、政府による「水循環基本

表　水循環基本法とEU水枠組み指令との比較

	水循環基本法 （2014年３月成立）	EU水枠組み指令 （2000年12月発効）
目　　的	健全な水循環の維持、回復	水生態系の保護、強化
対　　象	河川流域（地表水、地下水）か？	陸域の表層水、移行水域、沿岸水、地下水
目指す状態、目標年、評価指標	健全な水循環、目標年なし、評価指標なし（人の活動および環境保全に果たす水の機能が適切に保たれた状態）	水の良好な状態（good status）、2015年、生態学的・化学的に高度・良好・適度の３段階を定義※1
アプローチ	流域としての総合的、一体的な管理	河川流域ごとの統合的アプローチ
基本施策	貯留・涵養機能の維持・向上 水の適正かつ有効な利用の促進 流域連携の推進、教育・民間活動・科学技術・国際的連携などの推進、調査	水生態系の保護および改善 持続可能な水利用の拡大 汚染物質の排出削減 洪水と干ばつの影響の軽減
計　　画	水循環基本計画	河川流域区ごとの流域管理計画（river basin management plan）
計画策定者、住民参加	政府（内閣の水循環政策本部） 地域住民の意見反映（未定）	各国の河川流域区内の適切な行政体 関係者・市民への情報開示・参加の規定
財　　源	国家予算	提示なし（LIFE※2など）
施策手法	規制：国や地方自治体（未定） 経済的手法：未定	規制：個別のEC 指令や加盟国国内法 経済的手法：汚染者負担原則
分　　権	基本的になし	各国、国内・国際の河川流域区ごと
予　　定	施行後５年ごとに法見直し	2015年に目標達成、６年ごとに計画見直し

水循環基本法、EU水枠組み指令、小寺（2010）、イェンセン（2008）より作成

※１：生態学的状態の内訳は、たとえば淡水表層水では、植物プランクトン、大型水生植物、底生植物、底生無脊椎動物相、魚類相である。（WFD ANNEX＝水枠組み指令添付資料）

※２：LIFEとはEUの環境政策に資する先験的事業に対する財源機構で、1992年から2013年までに3,954事業に対し31億ユーロが出資された。（EC, The LIFE Programme）

計画」のもとで流域ごとに計画が立てられるかどうかは不明確だ。目指す状態について、水指令は水質改善に重きを置き、化学的指標に加えて生態学的指標を導入しているところにEUの生態系重視の姿勢が表れている。一方、水循環法の「健全な水循環」の内容は不明だが、基本施策から推測すると貯留・涵養に力点が置かれそうである。

水循環基本法の今後の課題

成立までたどり着いた水循環法だが、今後この法律の趣旨を実現していくために、課題を検討しておくことは重要である。そこで、まず、創案のもととなった問題意識が法案にどれだけ反映されたのか、次に、水指令との比較において学べる点がないか、簡潔に点検しておこう。

法案提出にいたる過程で、市民団体の水制度改革国民会議（以下、国民会議）による啓発活動、超党派国会議員による水制度改革議員連盟との合同勉強会などを通した精力的かつ地道な立法運動があった。この間に、水政策の統合に向けた民間からの提言も相次いだ（たとえば日本経済調査協議会、二〇一〇）。EUの水指令策定過程でも、WWF（世界自然保護基金）など市民団体による長年の環境保護運動や立法運動が大きな力を発揮した（カルダー、二〇〇八）。

二〇〇九年に国民会議が提案した法案概要と今回成立した水循環法をくらべると、理念はおおむね反映されている一方で、計画策定に関して大きな相違がある。前者では、政府方針に従うが「流域別水循環基本計画」は「流域連合」が策定するとしていた。これは、計画を流域ごとに策定すること、その流域内にある地方自治体が連合して策定することを内容としていた（傍点引用者）。一方、水循環法では「水循環基本計画」を政府（内閣）が策定する。この違いは政策技術的なことにとどまらない、法の理念そのものにかかわる違いである。つまり、国民会議案は松井三郎理事長が述べていたように（松井、二〇〇九）、上流と下流の矛盾や対立を解決し予算執行まで決める自治体、すなわち流域圏に自治の基礎を置く道州制が発想の前提にあった。道州制の是非はともかく、流域ごとに計画主体を置き、その流域において、流域治水、利水の合理化、地下水の保全と利用の適正化、河川と森林との統合管理、農地の保全と活用といった基本施策を講じる〝流域自治〟が構想されていたのである。これは、水指令の「河川流域区（river basin district）」に近い。

　水循環法におけるこのような「流域」と「自治」の〝後退〟は、「統合」の手法としての「流域」への分権的なアプローチから、従来型の中央集権的手法に後退してしまったことを意味しよう。これまでも幾多の「基本法」が結局は省庁ごとの「基本法」にとどまり、省庁をまたぐ関連施策を統括できない現実をかえりみると、各省益を背負う大臣どうしの妥協の場である閣議での基本計画策定では、同じ轍を踏むのではないかと考えざるを得ない。

　水指令もまた、ＥＵから各国へのトップダウン方式に違いないが、計画主体は構成各国であり、水政策が州などに分権されている国も多く、また、関係者や市民に計画策定への参加と情報開示を保証するなど、水政策「統合」過程においても〝分権〟が確保されている。[*1]

水循環基本法に実効性をもたせるために

以上のように、成立した水循環法にはいくつかの課題があり、その趣旨と目的を達成するために、今後の具体的な制度づくりにおいて次の点を提案したい。①統合的な流域管理の施策を採用すること、②分権的なアプローチを採用することで中央官庁の縦割りの弊害を克服していくこと、③統合すべき施策、たとえば治水、利水、生態系などを明確にし、各法を包括的に運用する力を引き出すこと、④計画への関係主体や市民の参加を保証することで、「住民参加」が絵に描いた餅にならないようにすること、などである。ＥＵから最も学ぶべきは、「統合」にかける強い信念と粘り強さではないだろうか。[*2] 水循環法が単なる外資排除法に堕すことなく、成立を機に、本来の「基本法」の役割達成に向けてふたたび議論を起こし、「統合」に挑戦すべきである。

＊1——ＥＵ統合にさいしてはヨーロッパの伝統的な社会原理「補完性の原理」が採用されたとされるが、水指令にもそれが貫かれている。すなわち「決定はできるかぎり水の影響を受け利用する場所に近いところで行い、加盟国は地域ごとの状況に合わせた方策を汲み取って行わなければならない」と、指令冒頭にその規範と手続きを記している。

＊2——直近のレポートでは、スペイン、ギリシャ、デンマーク、非加盟国ノルウェーに流域管理計画の未採用が残る（二〇一四年五月一二日現在）。

引用文献

カルダー、イアン　二〇〇八　水の革命——森林・食糧生産・河川・流域圏の統合的管理　蔵治光一郎・林裕美

子監訳　築地書館
EC. 2000. Directive 2000/60/EC of the European Parliament and of the Council of 23 October 2000 establishing a framework for Community action in the field of water policy.
EC. The LIFE Programme　http://ec.europa.eu/environment/life/about/（二〇一四年四月一日取得）
小寺正一　二〇一〇　水問題をめぐる世界の現状と課題　国立国会図書館調査及び立法考査局　レファレンス　二〇一〇年六月号：七三—九七頁
松井三郎　二〇〇九年九月二日　日本の水制度の課題——水循環基本法制定へ（講演）　二〇〇九年度循環ワーカー養成講座第四回
http://ecocommunity.jpn.com/wp-content/uploads/2013/03/junkan_kiroku2009_04.pdf（二〇一四年四月一日取得）
水循環基本法案　第一八六回　衆第三九号
日本経済調査協議会　二〇一〇　水循環の新秩序を構築せよ——「水」を活かした豊かな社会に向けて
http://www.nikkeicho.or.jp/wp/wp-content/uploads/yamamoto_mizu.pdf（二〇一四年四月一日取得）
イェンセン、ヤン　二〇〇八　ヨーロッパの川の自然再生とEU指令（講演録）　国際フォーラム——世界の都市（まち）はかわる　日本生態系協会　三〇—四一頁
http://www.ecosys.or.jp/activity/symposium/symposium2008/report2008-1.pdf（二〇一四年四月一日取得）

おわりに

「緑のダム」機能を発揮する森林は、陸地の生態系のなかでも特に複雑な生態系である。それに加えて日本の森林のほとんどは山にある。山の地形は複雑で、山を形づくっている岩石の種類も多様であり、一つとして同じ山、同じ森林はない。そこから流れ下る河川も同様に複雑で、一つとして同じ河川はない。それに加えて森林や河川には人類の長い歴史のなかでさまざまな人為が加えられており、自然の姿とはかけ離れた姿になっている森林や河川がほとんどである。

自然科学者は、森林や河川に計測機器を設置してフィールド観測を行い、データを眺め、どのような現象が起こっているのかを知ろうとしてきた。さらに、その場所で観測された事実が、ほかの場所でもあてはまる普遍性をもつかどうかを確かめようと、森林の中に深く分け入り、木に登ったり穴を掘ったりして、より細かい計測を行い、これまでの常識をくつがえす自然現象を次々と発見してきた。しかしその一方で、細かく調べれば調べるほど、起きている現象には地理的な個別性が強いこともわかってきた。フィールドで測定される数値と、起きている現象をコンピューター上で再現する計算の係数を直接対応させることは困難で、どこでもあてはまる普遍的なシミュレーションを行うことは不可能であった。

普遍性を基調とした近代科学だけでは、複雑性・個別性を特徴とする「ありのままの自然」の仕組みを完全に明らかにすることも、再現することも難しいことがわかってきた。

河川の流域圏に暮らす人たちが「緑のダム」の科学に求めていることは、全世界共通の普遍的な法則ではなく、対象地域の個別の自然条件、歴史、社会条件をふまえた処方箋、言いかえれば「臨床の知」である。「臨床の知」は、専門分野に細分化された専門家だけで創造できるものではなく、流域圏の恵みを実感しながら生活し、活動している「流域圏の専門家」との協働作業によって初めて創造できるものであろう。本書は、全国の「緑のダム」をめぐる現実問題への対処法を求めている方々の要望にできるかぎり応えたいという思いで編集した。本書を教科書として学ばれた方々が、近い将来、全国の森林や河川、流域圏の現場で「緑のダム」の専門家として活躍し、処方箋を書く時代がくることを夢みている。

繰り返しになるが、本書は一〇年前に同じ編者により出版された『緑のダム——森林・河川・水循環・防災』で展開された議論をベースとしている。前書が出版されたさいには、森林の専門家、土木工学の専門家、ジャーナリスト、市民の方々からさまざまなご意見、ご批判を頂戴したが、そのなかでも東京大学大学院工学系研究科教授・小池俊雄先生、東京大学大学院農学生命科学研究科准教授・古井戸宏通先生からいただいた詳細かつ本質的なご指摘は、本書をまとめるにあたり大いに参考にさせていただいた。この場をお借りして厚く御礼を申し上げる。また本書を世に出すことができたのは、福岡工業大学学術顧問・小川滋先生の粘り強い勧めによるところが大きく、ここに記して感謝の意を表したい。そして一〇年前と変わらない真摯さで本書の出版を引き受けてくださった築地書館の土井二郎社長、編集を担当してくださった橋本ひとみさんと黒田智美さんに心から御礼申し上げる。

二〇一四年六月七日

蔵治光一郎
保屋野初子

用語解説

基本高水

洪水防御に関する計画の基本となる洪水（河川法施行令第一〇条の二）。具体的には、対象とする河川に洪水調節ダムがない状態を想定して、そこにまれにしか発生しない（たとえば一〇〇年に一年の確率で発生するような）大雨が襲来したと仮定し、さらにそれが堤防を越えて氾濫しないと仮定した場合、河道に流れると推定される流量のことであり、各河川の河川整備基本方針において定められている。基本高水に関して特に問題となるのはピーク流量（基本高水ピーク流量）である。河川法施行令では、基本高水を河道および洪水調節ダムへそれぞれどのように配分するかについて、河川整備基本方針に定めることとなっている。

航空レーザ測量技術

航空機から地上にレーザ光を照射して、地上の標高や地形の形状を精密に測量する新しい測量技術。森林に覆われた地表面の地形を正確に把握することができる。

材積間伐率

間伐率を材積（幹の体積）で表現するもの。立木の本数で表現するのが本数間伐率。間伐率は本来、材積間伐率で表現するものであるが、現場では本数間伐率も利用される。成長不良木（劣勢木）を対象に間伐をすると、本数は減ったけれども、材積はそれほど減らない間伐となることが多い。

森林整備協定

森林法第一〇条一三に定められた、森林の所在する地方公共団体および下流地方公共団体が協力して森林整備を促進することを約する協定である。一九九一年以降、地方公共団体による特定の法人設置や団体間の分収造林（伐採跡地に土地所有者に代わって造林・保育・管理し、将来成長した立木を販売し、その収入を分け合うこと）契約にこだわらず、柔軟で多様な協定のあり方が認められるようになった。さらに同年には都道府県知事や農林水産大臣による協定締結の斡旋も定められた。

貯留関数法

降水量から流出量を推定する数学的な計算（流出解析）の手法の一つ。流域に降った雨が一時的に貯留され、その貯留量に応じて流出量が定まると仮定する。貯留関数法にはさまざまな手法があるが、よく使われる貯留関数法は、全降水量のうち洪水流出となる降水量（有効降雨）を計算する過程で、累加雨量RがR_{sa}に達するまでは流域全体からf_1×Rの流出があり、達した後はその後の降雨の全量が流出すると仮定する方法である。ここでf_1は一時流出率、R_{sa}は飽和雨量と呼ばれる係数（パラメータ）であり、流域に貯留される雨量の最大値（最大保水量）は（$1-f_1$）×R_{sa}で計算される。

内水氾濫

川を横断する方向において、堤防を境界として川側の水を外水といい、その反対の宅地や畑地にある水を内水という。雨が降ると、宅地などに降った雨が下水道や排水路を流れ集まり、河川に流れこみ、それが最終的に海に流れ出る。このときになんらかの原因によって、河川に流れこむ前の水があふれて氾濫することを内水氾濫という。一方、堤防が壊れ川の水が流れこみ氾濫することを外水氾濫という。

ハイドログラフ

河川の流量が、時間の経過とともに、どのように変化するか（大雨時の急激な増水、無降雨期間の流量低減、長期間に及ぶ少雨期間の流量減少、季節による変動など）を描いたグラフ。縦軸が流量、横軸が時間の折れ線グラフで描くことが多い。

ホートン型表面流（地表流）

降水の強度（単位時間当たりの雨水の量）が地表面の浸透能（単位時間当たり地表面がしみこませることのできる水の量）を上まわり、水がそれ以上しみこまなくなった状態になった結果発生する地表面の流れ。地表流にはホートン型表面流のほかにもう一種類、飽和地表流があり、これは浸透した水によって形成された地下水面が徐々に上昇し、ついには地表面に達した結果発生する地表流のことをいい、主に斜面の下部で発生する。

理水機能

森林がもつ「大雨や融雪による洪水を軽減し、乾燥時の渇水を緩和する治水、利水の機能」を合わせた機能。水源涵養機能から「水質浄化機能」を除いた部分に相当する。

流域圏

ある地域に雨が降るとその水はやがて川に集まってくるが、そのような雨が降る範囲を、その川の流域（集水域）という。流域は分水嶺で囲まれた範囲となる。流域圏は、流域よりも広い範囲を意味し、流域に加えてその河川の水が農業、工業、水道などで利用されている区域、沿岸域などを含める。また、ほかの河川から水を引いている場合はその水の流域も含む。隣り合う川の流域は重なり合わないが、流域圏は重なり合う。

【マ行】

【ヤ行】

【ラ行】

【サ行】

索　引

編者略歴

蔵治光一郎（くらじ・こういちろう）

一九六五年東京都生まれ。東京大学農学部林学科卒業、同大学院博士課程在学中、青年海外協力隊員としてマレーシア・サバ州森林研究所に勤務。博士（農学）。東京大学助手、東京工業大学講師を経て、現在、東京大学准教授、大学院農学生命科学研究科附属演習林生態水文学研究所長。著書に『森の「恵み」は幻想か——科学者が考える森と人の関係』（化学同人）、『「森と水」の関係を解き明かす——現場からのメッセージ』（全国林業改良普及協会）、監訳書に『水の革命——森林、食糧生産、河川、流域圏の統合的管理』（築地書館）、編著書に『水をめぐるガバナンス——日本、アジア、ヨーロッパの現場から』（東信堂）、共編著書に『森の健康診断——一〇〇円グッズで始める市民と研究者の愉快な森林調査』『緑のダム——森林・河川・水環境・防災』（以上、築地書館）など。

保屋野初子（ほやの・はつこ）

一九五七年長野県生まれ。法政大学大学院修士課程修了（政治学修士）、東京大学大学院新領域創成科学研究科博士課程修了（環境学博士）。環境ジャーナリストとして執筆活動を行うほか都留文科大学非常勤講師などを務める。著書に『川とヨーロッパ——河川再自然化という思想』、共編著書に『緑のダム——森林・河川・水循環・防災』（以上、築地書館）、『流域管理の環境社会学——下諏訪ダム計画と住民合意形成』（岩波書店）など。近刊に『社会的共通資本としての森』（宇沢弘文編、分担執筆、東京大学出版会）がある。

著者略歴（五十音順）

石倉　研（いしくら・けん）
一九八七年新潟県生まれ。二〇一〇年横浜国立大学経済学部卒業、二〇一二年一橋大学経済学研究科修士課程修了。現在一橋大学経済学研究科博士後期課程、日本学術振興会特別研究員（ＤＣ）。

泉　桂子（いずみ・けいこ）
一九七三年山梨県生まれ。東京大学大学院農学生命科学研究科博士課程修了。日本学術振興会特別研究員、都留文科大学准教授を経て、岩手県立大学総合政策学部准教授。著書に『近代水源林の誕生とその軌跡――森林《もり》と都市の環境史』（東京大学出版会）など。

内山佳美（うちやま・よしみ）
一九七一年横浜市生まれ。神奈川県入庁後、治山事業などを経験し、現在は自然環境保全センター主任研究員として水源環境保全・再生にかかる事業の流域スケールの効果検証に従事。

太田猛彦（おおた・たけひこ）
一九四一年東京都生まれ。一九七一年東京大学農学部林学科卒業、一九七八年同大学院農学系研究科修了（農学博士）。東京大学農学部助手、東京農工大学農学部講師、同助教授を経て一九九〇年より東京大学農学部教授（二〇〇三年に退職）。東京大学名誉教授。二〇〇三年より東京農業大学地域環境科学部教授（二〇〇九年退職）。水文・水資源学会副会長、砂防学会会長、日本森林学会会長、日本緑化工学会会長、日本学術会議会員、林政審議会委員などを歴任。現在、かわさき市民アカデミー学長、ＦＳＣジャパン代表。著書に『森林飽和――国土の変貌を考える』（ＮＨＫ出版）、共編書に『農林水産業の技術者倫理』（農山漁村文化協会）、『水の事典』（朝倉書店）、『渓流生態砂防学』（東京大学出版会）など。

沖　大幹（おき・たいかん）

東京生まれ、西宮育ち。東京大学卒業。博士（工学）。気象予報士。現在東京大学生産技術研究所教授。表彰に日経地球環境技術賞、日本学士院学術奨励賞など。国土審議会委員なども務める。著書に『水危機 ほんとうの話』『東大教授』（以上、新潮社）、共著書に『日本人が知らない巨大市場 水ビジネスに挑む――日本の技術が世界に飛び出す！』（技術評論社）、監修・監訳に『水の歴史』（創元社）、『水の世界地図 第二版――刻々と変化する水と世界の問題』（丸善）など。

恩田裕一（おんだ・ゆういち）

一九六二年新潟県生まれ。一九九〇年筑波大学大学院博士課程修了。理学博士。名古屋大学農学部助手を経て、現在筑波大学アイソトープ環境動態研究センター教授。水文地形学。編書に『人工林荒廃と水・土砂流出の実態』（岩波書店）、共編書に『水文地形学――山地の水循環と地形変化の相互作用』（古今書院）など。

片倉正行（かたくら・まさゆき）

一九五〇年長野県生まれ。一九七四年宇都宮大学農学部農学研究科修士課程修了。同年長野県林業指導所。森林土壌を中心に森林・林業全般を研究。二〇一〇年長野県林業総合センター定年退職。長野県林業大学校講師。

五名美江（ごみょう・みえ）

兵庫県生まれ。二〇一〇年東京大学大学院農学生命科学研究科博士課程修了。博士（農学）。東京大学演習林生態水文学研究所特任研究員を経て、現在日本学術振興会特別研究員（ＰＤ）。長期データを用いた森林の洪水緩和機能の定量的解析と評価について研究。

関　良基（せき・よしき）

一九六九年信州生まれ。京都大学大学院農学研究科博士課程修了。早稲田大学アジア太平洋研究センター助手、公益財団法人地球環境戦略研究機関（ＩＧＥＳ）客員研究員などを経て、現在拓殖大学政経学部准教授。著書に『複雑適応系における熱帯林の再生――違法伐採から持続可能な林業へ』『中国の森林再生――社会主義と市場主義を超えて』（以上、御茶の水書房）、『自由貿易神話解体新書――「関税」こそが雇用と食と環境を守る』（花伝社）など。

谷　誠（たに・まこと）
一九五〇年大阪生まれ。京都大学農学部卒業、京都大学農学研究科博士課程修了。農学博士。農林水産省林業試験場関西支場研究員、同省森林総合研究所気象研究室長を経て、一九九九年より京都大学農学研究科森林水文学分野教授。森林の洪水流出緩和機能や地球環境維持機能、林業再生と災害対策の関係などを研究。水文・水資源学会会長、日本地球惑星科学連合フェロー。

茅野恒秀（ちの・つねひで）
一九七八年東京都生まれ。法政大学大学院社会科学研究科博士後期課程修了。博士（政策科学）。公益財団法人日本自然保護協会勤務、岩手県立大学総合政策学部准教授を経て、現在信州大学人文学部准教授。著書に『環境政策と環境運動の社会学――自然保護問題における解決過程および政策課題設定メカニズムの中範囲理論』（ハーベスト社）、共著書に『「辺境」からはじまる――東京／東北論』（明石書店）など。

坪山良夫（つぼやま・よしお）
一九八四年四月に農林水産省林業試験場（現・独立行政法人森林総合研究所）研究員。以来、一貫して森林と水に関する調査研究に従事。二〇一一年四月より森林総合研究所水土保全研究領域長。農学博士。

山田　正（やまだ・ただし）
工学博士。東京工業大学理工学部助手、防衛大学校土木工学教室助教授、北海道大学工学部助教授を経て、現在中央大学理工学部教授。専門分野は、土木工学、防災工学、水工水理学、流体力学、水文学、気象学。

緑のダムの科学　減災・森林・水循環

二〇一四年八月八日　初版発行

編者――蔵治光一郎＋保屋野初子
発行者――土井二郎
発行所――築地書館株式会社
東京都中央区築地七―四―四―二〇一　〒一〇四―〇〇四五
電話〇三―三五四二―三七三一　FAX〇三―三五四一―五七九九
http://www.tsukiji-shokan.co.jp/
振替〇〇一一〇―五―一九〇五七
印刷・製本――シナノ印刷株式会社

©Koichiro Kuraji & Hatsuko Hoyano 2014 Printed in Japan. ISBN978-4-8067-1480-4　C0040

・本書の複写にかかる複製、上映、譲渡、公衆送信（送信可能化を含む）の各権利は築地書館株式会社が管理の委託を受けています。
・JCOPY〈（社）出版者著作権管理機構　委託出版物〉
本書の無断複写は著作権法上での例外を除き禁じられています。複写される場合は、そのつど事前に（社）出版者著作権管理機構（TEL 03-3513-6969 FAX 03-3513-6979 e-mail : info@jcopy.or.jp）の許諾を得てください。

くわしい内容はホームページで。URL=http://www.tsukiji-shokan.co.jp/

築地書館の本

◎総合図書目録進呈。ご請求は左記宛先まで。
〒一〇四―〇〇四五　東京都中央区築地七―四―四―二〇一　築地書館営業部
《価格（税別）・刷数は、二〇一四年七月現在のものです。》

水の革命

森林・食糧生産・河川・流域圏の統合的管理

カルダー［著］蔵治光一郎＋林裕美子［監訳］　三〇〇〇円＋税

森林と水に関する諸説を検証し、土地利用と水循環、利用可能な地表水・地下水量推定の新しい手法、経済開発・環境保全・社会的公平性・持続可能性を両立させる政策、流域圏での土地・水資源の適切な配分の枠組みを解説。

川と海

流域圏の科学

宇野木早苗＋山本民次＋清野聡子［編］　三〇〇〇円＋税

河川事業が海の地形、水質、底質、生物、漁獲などにあたえる影響など、現在、科学的に解明されていることを可能なかぎり明らかにし、海の保全を考慮した河川管理のあり方への指針を示す。

流系の科学

山・川・海を貫く水の振る舞い

宇野木早苗［著］　三五〇〇円＋税

大気から山地に降った雨が森・川を経由して大海に消えていく、太陽系唯一と考えられる水系全体の姿――物理過程を中心に、その概要を描く。水系と社会との関わりにもスポットをあて、今後の河川改変のあり方への指針を示す。

水資源開発促進法

立法と公共事業

政野淳子［著］　二四〇〇円＋税

立法以来五〇年、その政策的役割を終えた一本の法律が、待ったなしの財政再建に立ちはだかっている。政権交代でも変えることができなかった巨大公共事業の根拠法を徹底検証する。